职业院校课程改革教材

中餐烹饪技艺

主　编：毛永幸
副主编：张井良　付　强　陈宇超

電子工業出版社
Publishing House of Electronics Industry
北京·BEIJING

内容简介

《中餐烹饪技艺》是中等职业院校中餐烹饪与营养膳食专业核心课程改革新教材。依据课程标准，本教材共分五大模块，模块一是中餐厨房岗位认知与职业素养要求；模块二是烹饪技法的认识与运用，包含七个单元，共十三种烹饪技法；模块三是综合技术应用与提升；模块四是广西地方风味菜品制作；模块五是宴席与宴席创意菜品制作。

本教材综合了中餐烹饪核心专业技能和知识，每个模块由若干个任务组成，并根据教学情况在任务中设计了任务情境、任务目标、任务实施、成菜特点、大师点拨、创意引导、二维码实训报告、二维码知识链接等内容，理论阐述、实训操作、评价练习相辅相成，体系完整，结构清晰，学习任务的每个菜品的制作过程都配有相应的图文讲解，直观明了，清晰易懂，便于学生学习和掌握。

本教材既可作为中等职业院校烹饪相关专业学生的教材，也可作为广大中餐烹饪爱好者的自学参考书。

图书在版编目（CIP）数据

中餐烹饪技艺 / 毛永幸主编. — 北京：电子工业出版社，2021.8

ISBN 978-7-121-10611-8

Ⅰ. ①中… Ⅱ. ①毛… Ⅲ. ①中式菜肴－烹饪－中等专业学校－教材 Ⅳ. ① TS972.117

中国版本图书馆 CIP 数据核字（2021）第 153973 号

责任编辑：周　彤　　文字编辑：李　爽

印　　刷：中国电影出版社印刷厂

装　　订：中国电影出版社印刷厂

出版发行：电子工业出版社

北京市海淀区万寿路 173 信箱　　邮编：100036

开　　本：787×1092　1/16　印张：15.25　字数：316 千字

版　　次：2021 年 8 月第 1 版

印　　次：2022 年 12 月第 2 次印刷

定　　价：49.80 元

INTRODUCTION / 前言

《中餐烹饪技艺》是中等职业学校中餐烹饪与营养膳食专业核心课程改革新教材。本教材根据教育部颁发的《中等职业学校专业教学标准（试行）》中相关教学内容和要求编写而成，以就业为导向，着眼于学生基本功和综合能力的培养，在此基础上突出“新工艺、新材料、新技术”。教材以学生为主体，注重“做中学，做中教”，遵循“工作过程导向”的原则和学生知识能力形成规律，按照现代烹饪岗位及岗位群的能力要求，根据专业人才培养要求和行业要求，选取八大菜系及桂菜等各地方风味具有代表性的经典菜品确定为实训任务。教材内容是根据中餐烹饪的基础知识和技能体系架构进行组织和编排的，对接行业和企业标准，各任务来自餐饮企业的实际工作任务，注重基础性和典型性，由易到难，循序渐进。学生在完成每个任务的实践活动中，逐步达到专业技能的规范化、熟练化，从知识和技能上了解和熟悉行业企业人才培养要求，最终达到现代中餐厨房的岗位要求。

本教材根据中餐菜品出品进行典型职业活动分析，以任务为载体，确定了五个模块，每个模块由若干个任务组成，每个任务设计了以下环节：任务情境、任务目标、任务实施、成菜特点、大师点拨、创意引导、二维码实训报告、二维码知识链接等，建议 324 课时。主要让学生了解中餐烹饪技法的基础知识，掌握中式菜品制作的基本技艺与工艺流程、常用烹饪技法操作知识、八大菜系及桂菜等各地方风味的代表菜品的制作技艺，了解和掌握宴席菜品的组配，培养和提高学生的创新意识及能力。通过本教材的学习，使学生能具备中餐烹饪岗位的理论知识、职业能力和职业素养，能够胜任餐饮企业烹饪岗位工作，并具备一定的研发创新能力。

该教材的特点：

一是教材采用工作页的教材样式，便于师生实训的教与学。

二是教学内容根据教育部教学标准的教学要求来编写，结合餐饮企业需求，理论知识以“适用、合用、能用”为出发点，注重技能训练，兼具考虑中高职教学过程中知识与技能的衔接。

三是在教学层面，以工作过程为主线，采用理实一体化的方式，夯实学生的知识技能基础，把现代烹饪行业的人才需求融入现代餐饮企业岗位或岗位群的工作要求，对接行业和企业标准，培养学生的实际工作能力。

四是学习成果的评价层面，融入过程性与多元化评价，使学生明确学习过程中关键步骤的质量和评价标准，根据任务重难点以及烹饪职业技能鉴定要求，设计有针对性的练习与思考，全面检验学生的学习效果，提升学生理论实践一体化学习成果和思考分析能力。

五是教材图文并茂，可读性强，体现了理论实践一体化，有助于学生记忆菜品的制作过程，同时也提高了学生的学习兴趣。

本教材建议课时为324课时，具体课时分配如下：

<table>
<tr><th>模　块</th><th colspan="2">教学内容</th><th>建议课时</th></tr>
<tr><td>一</td><td colspan="2">中餐厨房岗位认知与职业素养要求</td><td>2</td></tr>
<tr><td rowspan="8">二</td><td rowspan="8">烹饪技法的认识与运用</td><td>烹饪技法的认识与运用概述</td><td>4</td></tr>
<tr><td>单元一　烹饪技法：炒</td><td>24</td></tr>
<tr><td>单元二　烹饪技法；烧、焖</td><td>18</td></tr>
<tr><td>单元三　烹饪技法；蒸</td><td>30</td></tr>
<tr><td>单元四　烹饪技法：煮、汆、炖</td><td>24</td></tr>
<tr><td>单元五　烹饪技法：扒、扣</td><td>18</td></tr>
<tr><td>单元六　烹饪技法：炸、溜</td><td>24</td></tr>
<tr><td>单元七　烹饪技法：煎、煽</td><td>18</td></tr>
<tr><td rowspan="2">三</td><td rowspan="2">综合技术应用与提升</td><td>单元一　花刀成形技术</td><td>24</td></tr>
<tr><td>单元二　八大菜系与地方代表菜品制作</td><td>48</td></tr>
<tr><td>四</td><td colspan="2">广西地方风味菜品制作</td><td>48</td></tr>
<tr><td>五</td><td colspan="2">宴席与宴席创意菜品制作</td><td>42</td></tr>
<tr><td colspan="3">合计</td><td>324</td></tr>
</table>

本教材由毛永幸担任主编，具体分工如下：

模块一由陈宇超负责编写，模块二中单元一由陈宇超负责编写；模块二中单元二由廖明负责编写，模块二中单元三由张井良、梁启辉、杨才军、郭标负责编写，模块二中单元四由宾洋、田妃妃、梁可胜、杨才军、唐成林负责编写，模块二中单元五由宾洋、田妃妃、梁启辉、张井良、彭坚、梁可胜负责编写，模块二中单元六由宾洋、杨才军、唐成林、梁启辉负责编写，模块二中单元七由宾洋、张井良、梁启辉、杨才军、负责编写；模块三中单元一由杨才军、宾洋、彭坚负责编写，模块三中单元二由张井良、彭坚、杨才军、梁可胜负责编写；模块四由杨才军、梁可胜、梁启辉、张井良、彭坚、田妃妃负责编写；模块五由付强、黄敬联、孟新负责编写。

毛永幸负责整本教材的统稿统审，张井良、付强、陈宇超协助审稿。

本教材在编写过程中，参阅了大量专家学者的相关文献，得到了南宁市第三职业技术学校、广西南宁技师学院、横县职教中心的帮助和支持，以及企业专家罗进、蒙生等人的指导和支持，在此一并表示感谢。由于编者和时间有限水平，书中肯定存在不足之处，还望各位专家和同行们能够提出宝贵的意见及建议，欢迎发送邮件至593546707@qq.com与编者联系，以便我们在再版时完善。

编者

2020年10月

目 录 / CONTENTS

模块一 中餐厨房岗位认知与职业素养要求

模块二 烹饪技法的认识与运用

单元一 烹饪技法：炒

单元二 烹饪技法：烧、焖

单元三 烹饪技法：蒸

模块三 综合技术应用与提升

单元一 花刀成形技术

单元二 八大菜系与地方代表菜品制作

模块四 广西地方风味菜品制作

模块五　宴席与宴席创意菜品制作

模块一　中餐厨房岗位认知与职业素养要求

任务一　中餐厨房岗位的概述

中餐烹饪源远流长，博大精深，却又如春雨润物般融入我们的生活里，使全世界喜爱它的人们每天都在感受中餐魅力。中餐厨房，演绎中国烹饪传奇的地方，每天都在上演着水火交融、煎炒烹炸的精彩故事，并呈现出一道道美味珍馐，让食客们于餐桌间流连忘返、回味无穷。

那么我们的中餐厨房是如何运作的呢？我们一起看看下图：

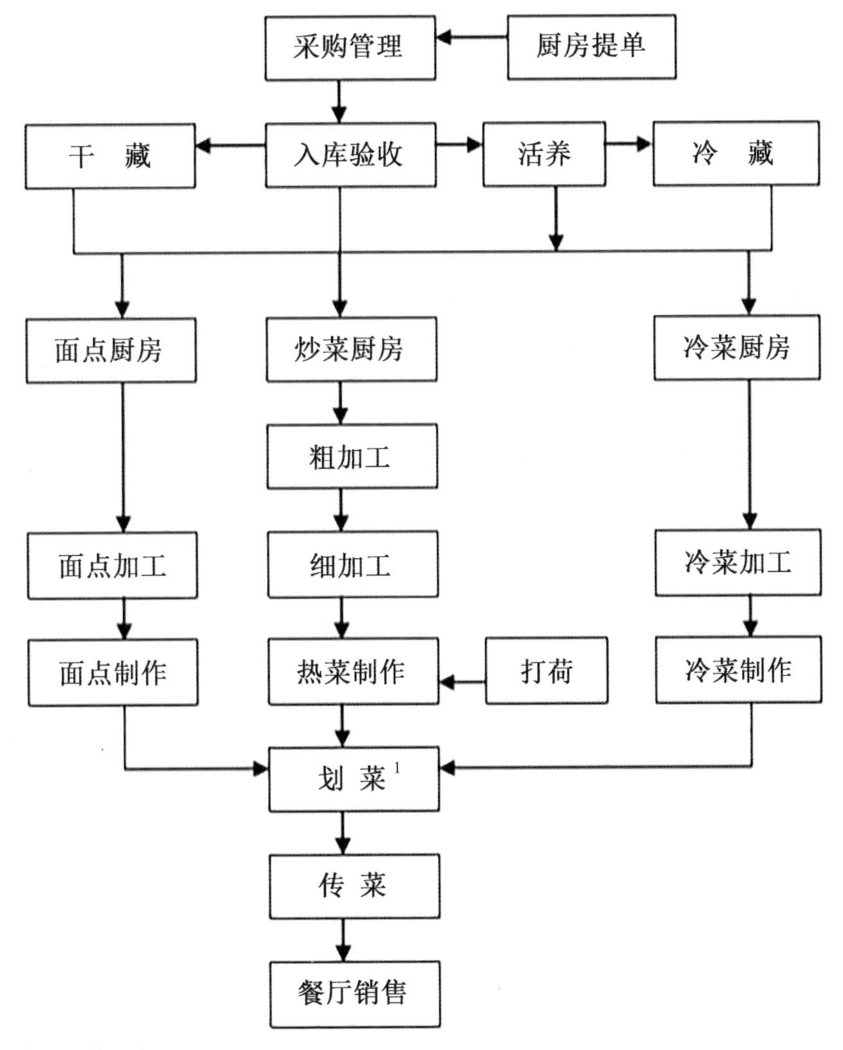

1. 划菜，粤语又称“地喱”。

中餐厨房纵向岗位分类大致如下：

一、厨师长岗位

1. 厨师长是厨房的最高行政主管，主持厨房的整体工作。厨师长要严格按照公司的规章制度和部门的工作程序，组织协调指挥部门员工开展日常工作。厨师长不仅要具有丰富的餐饮知识、较高的烹饪技法、良好的管理组织指挥能力，还要熟悉厨房设备的使用方法。厨师长的工作直接向分管工作的总经理负责。

2. 建立良好的部门协作关系，每天检查食物出品质量，及时处理突发问题。

3. 了解各类食品的市场价格，熟悉货源的供应情况，合理组织进货，每天检查食品原料进货质量，确保其符合使用标准。

4. 监督厨房工作人员严格控制食物成本，确保食物的成本率保持在合理的标准水平上。

5. 定期组织厨师进行菜品的设计、试味和品尝活动，不断提高厨师团队的整体技术水平。

6. 负责厨房设备、设施的日常管理，制订必要的设备设施维修、保养、更新和添置计划。

7. 处理厨房的日常行政事务，审批各部门使用的各类物资，定期检查仓库的物资储存情况。

8. 严格按照食品安全管理制度，加强对食品卫生的检查，杜绝食物中毒、厨房火灾等事件的发生。

9. 定期检查各工作岗位的工作情况，落实岗位责任制的情况，确保厨房各工作区域的清洁卫生，跟进厨房的设施设备维修工作。

10. 参加公司的工作会议，主持厨房的工作例会，传达公司的有关指令和信息。

11. 开展员工政治思想工作及业务培训工作，建立员工提合理化建议和意见的渠道，建立奖惩制度，定期评估员工的工作表现。

12. 按时完成上级交给的任务。

二、厨房领班岗位

1. 协助厨师长处理日常事务，负责厨房的工作安排，在管理上起承上启下的作用，协助厨师长制定餐厅菜牌、厨房菜谱及食品价格。

2. 布置工作任务，安排工作细节，并对员工工作给予指导和监督，及时处理工作中的问题，直接向上级部门反映。

3. 分配，安排厨房人员的工作排班时间表，必要时安排员工加班。

4. 做好厨房财产管理，协助厨师长检验食品质量，制订原料采购计划，确保所有原料在使用过程中没有变质或损坏情况。

5. 监督、检查员工的个人卫生，加强各岗位人员政治思想和业务知识培训，严格执行员工纪律。

6. 协助处理厨房设备和硬件的保养等问题，确保员工不使用肮脏和破损的餐具、用具，训练员工按照规程操作。

7. 参与各岗位的业务操作检查和理念学习活动，确保厨房食品出品质量，经常检查食品味道、成色、温度及菜品的份额。

8. 熟悉《中华人民共和国食品卫生法》及操作安全知识，确保员工在食品生产过程中不使用不清洁或被污染的产品，禁止患病员工操作或取送食品。

9. 定期对部门的工作进行总结，对员工的表现作考核并向上级汇报。

10. 妥善使用厨房内的设备，注意清洁保养，如发现问题及时维修。

11. 按时完成上级交给的任务。

三、厨师岗位

1. 在厨师长的领导下，严格按菜式规定烹制各种菜式，保证出品质量。

2. 熟悉各种原料的名称、产地、特点、价格、出成率、淡旺季，协助厨师长检查购进货源的鲜活程度、质量、数量，确保其符合要求，发现问题及时向上级汇报。

3. 在遇到货源变化、时令交替时，协助厨师长设计、创新菜式。

4. 按厨师长分工完成菜品制作任务。

5. 协助管理和爱护本岗位的各项设备用品，有损坏及时补充及报修。

6. 协助厨师长做好月终、年终所有设备、用料的盘点工作。

7. 清理工作台面，保持工作区域的清洁卫生，及时冷藏食品，以减少浪费。

8. 清扫冰箱、冰柜，各种食品须放入适当的容器，并在货架上码放整齐。

9. 认真学习有关菜品的制作方法，负责监督厨房食品质量，经常检查食品的味道、成色、温度，保证菜品出品的准确。

10. 确保不使用肮脏或破损的厨房用具，特别注意不使用破裂的瓷器和玻璃器皿，并按规定工作。

11. 按时完成上级交给的任务。

四、厨工岗位

1. 协助厨师做好出品工作。

2. 负责厨房每日的物料、食品的领取及厨房开炉等工作。

3. 每天上班前检查冷柜存放的原料是否够用、齐全、是否变坏。按各种原料的要求来预计料量，保持食品新鲜度，生熟食品分开存放。

4. 每天检查所需的冻热汤汁是否够量，调味是否恰到好处，并密封存放在冰柜中。

5. 严格按顺序出菜。

6. 对肉类进行切割时要保证斤两准确，熟悉肉类的配制和保存。

7. 负责厨具的清洁，把剩余的食品等放回冰柜保存，并做好炉头的清洁。

8. 按时完成上级交给的任务。

任务二　中餐厨房岗位的职责与技术要求

厨房的运作需要各个岗位的分工合作，那么都有哪些岗位呢？下图展示的就是中餐厨房的基本岗位配置。

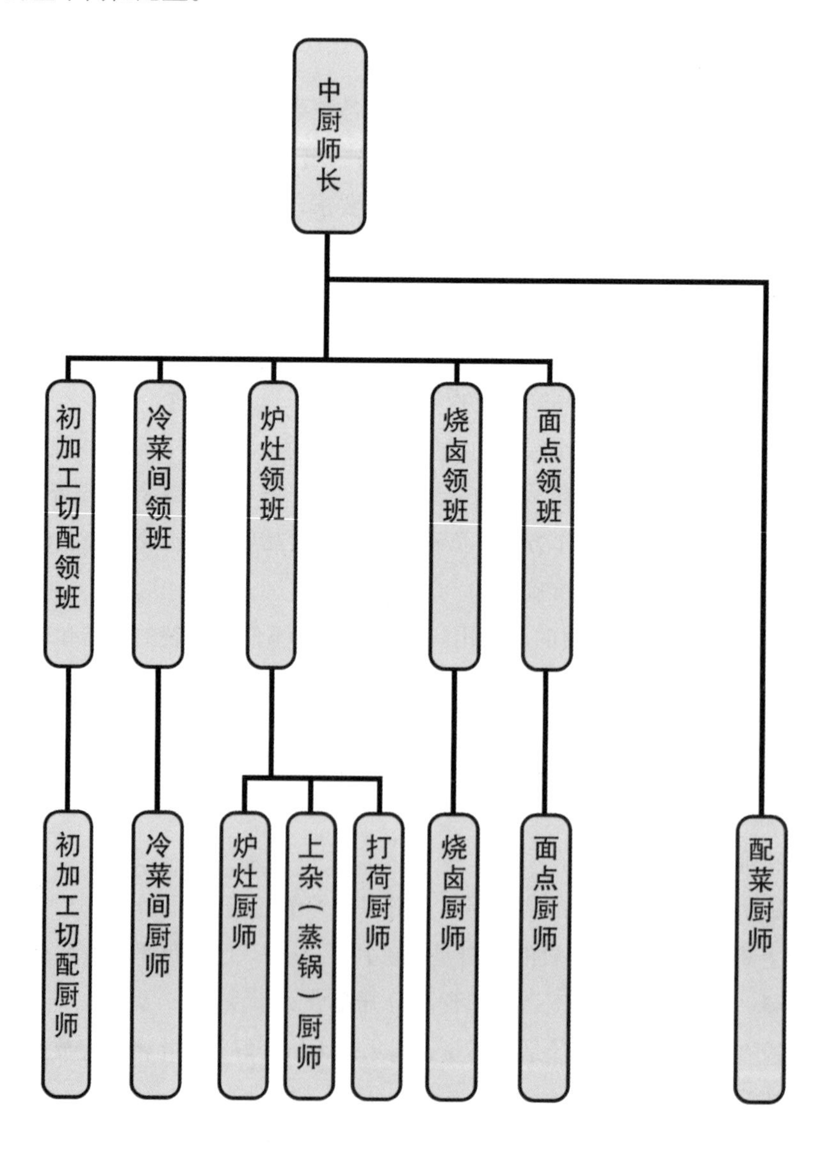

一、炒锅岗位职责

1. 服从厨师长日常工作安排。

2. 配合厨师长设计总菜单。

3. 做好餐前准备工作，原料加工及时，按规定完成菜单上菜品所需的酱料、味汁的调制。

4. 上班时间和切配岗位一致，遵守考勤制。

5. 搞好岗位卫生，确保每日收餐后的墙面、台面、地面、调料车的清洁，物品摆放整齐，台无杂物。

6. 确保每道菜的安全稳定出品，保证每道菜的色、香、味、形、器的合理组合。有问题的原料不上，有问题的菜品不上，要及时报告厨师长处理。

7. 每餐加工做到准时无误、味道佳。

二、切配岗位职责

1. 服从厨师长工作安排，遵守企业及厨房各项规章制度。

2. 加强对冰箱的管理及对冷库区域的管理，做好切配工作。

3. 做好食品原料的切配、上浆、保管工作。

4. 了解每天菜品预定情况，及时做好准备工作，并检查预定宴会切配准备情况。将每天验收情况上报厨房办公室，严把质量关，拒收疑问原料。

5. 严格执行工作规程，确保菜品质量符合要求，熟悉相关掌握技术，选料、用料注意节约，做到“整料整用，次料次用”。

6. 切配主管应每天对申购工作的库存原料检查后再进行申购，掌握各类菜品的标准数量，严格控制成本，防止缺斤缺两。

7. 加强对蔬菜间的管理，传授、帮助、带动洗菜部员工。

8. 做好食品原料的保存、保洁、保鲜，存放冰箱食品需用保险盒和保鲜膜。

9. 加强各档口联系，做到心中有数，正确做好切配工作，合理利用各档口边角料。

10. 严格执行各项卫生制度，保证食品安全，做好切配场地台面、用具、盛器的清洁卫生和垃圾的处理工作。

11. 珍惜厨房各种设备及用具，做好保养、保管工作。

12. 对出样菜品要及时掌握新鲜度并及时利用，减少浪费；仔细核对点菜单是否有误。

13. 冰箱内食物生熟分开，定时清洗，冰箱内无异味，食品摆放整齐，冰箱温度要掌握好。每天检查冰箱，对沽清、急推工作做到细致化。

14. 搞好员工之间的团结，积极参加培训，不断提高自身素质。

15. 掌握每天畅销品种申购情况，做好申购工作，对生鲜食物要不时检查其新鲜度、水样新鲜度及是否有异味。

16. 督促其他员工操作符合规格及卫生要求，合理运用技术。

17. 对不洁或变质食品坚决不使用，控制领料数量。

三、打荷岗位职责

打荷里的“荷”原指“河”，有“流水”的意思。所谓“打荷”，即掌握“流水速度”，以协助炒锅师傅将菜品迅速、利落、精美地完成。打荷岗位是饮食行业红案岗位之一，负责将在砧板上切配的原料腌制调味、上粉、上浆、用炉子烹制，协助厨师制作菜品造型。简单来说，打荷人员是厨房里面的全能选手。

1. 负责菜品烹制前的传递和烹制后的美化工作。
2. 备齐每道菜品所需餐具，并保持整洁。
3. 按点菜单上上菜和出菜顺序及时传送切配好的原料和菜品。
4. 提前为烹制好的菜品准备适当的盛装器皿，并进行菜品造型装饰。
5. 配合炒锅师傅出菜，保证菜品的整洁美观。
6. 严格遵守食品卫生制度，严禁出品变质菜品。
7. 随时保持工作区域卫生和个人卫生。
8. 完成上级交办的任务。

四、上什岗位职责

1. 从水台处领取吊汤所用的原料，负责高汤并掌握蒸、煲、炖、扣的操作，开餐前准备好各个炉头所需的高汤和二汤。
2. 负责浸发高级干货（鲍角、海参、角翅、角肚、干贝等）。
3. 从打荷厨师处接受客人的点菜单，烹饪各种菜品。
4. 向厨师长汇报当日炖品、扣品等剩余量。
5. 负责打扫本岗位区域卫生，下班后关好本区域所有的水、电、气、油等开关。

五、烧卤岗位职责

1. 负责零点及宴会中烧烤、卤水菜品的制作，保证及时提供合乎风味要求、色香味形器俱佳的出品。
2. 负责烧烤、卤水菜品原料的领取、加工及烹制，对烧烤、卤水菜品的质量和卫生负责。
3. 及时按规格切配烧烤、卤水食品并装盘。向餐厅准确地发放零点、宴会冷菜。
4. 妥善保藏剩余的原料、冷菜及调味汁，做好开餐后的收尾工作。
5. 定期检查、整理冰箱，保证存放食品的质量和整齐。
6. 随时保持个人、工作岗位及工作区域的卫生整洁，负责冷菜间的消毒工作。
7. 正确维护、合理使用器械设备，并保持其完好整洁。
8. 完成上级交办的其他任务。

六、冷菜岗位职责

1. 负责各种冷菜、熟食的加工、制作、改刀、装盘。

2. 严格执行冷菜的投料定额；负责计算熟食的出成率；掌握冷菜类菜品成本、利率、销售价格的核算方法。

3. 负责冷菜各种原料的鉴别、保存。

4. 负责冷菜间、操作台及加工用品、用具设备的保养、保管、清洗、卫生工作；负责凉菜类菜品的食品卫生。

七、面点岗位职责

1. 领取面点原料并加工。

2. 根据每日客情填写领料单领取原料，并检查面点原料的质量。

3. 负责按要求和面并发酵。

4. 负责准备菜单中面点所需的各种馅料、配料及调味品。

5. 严格按照面点生产工艺制作零点、宴会等所需的面点并确保其质量。

6. 妥善保存剩余原料、半成品、成品。

7. 做好设备保养及卫生清洁工作。

8. 负责维护、保养制作面点所需的设施、设备。

9. 负责清洗、消毒制作面点所需的工具、用具。

10. 负责面点工作区域内的卫生。

八、水台岗位职责

1. 负责家禽、水产品等原料的初加工。

2. 对每天所需的家禽、水产品等原料进行宰杀、拔洗、去鳞、去内脏、冲洗工作。

3. 根据菜品要求对原料进行规范加工。

4. 负责本岗位设备工具的保养和维修。

5. 负责将初加工的原料及时送下道工序或加保鲜膜放入冰箱。

6. 随时保持本岗位及卫生区域的清洁卫生。

7. 完成上级交办的其他任务。

九、杂工岗位职责

1. 负责蔬菜类原料的挑选、清洗。

2. 负责活品的暂养。

3. 负责餐具的清洗、消毒。

4. 负责厨房的整体卫生工作。

5. 按照厨师长的安排，完成其他临时性工作。

任务三 厨房岗位的行为规范和卫生要求

一、 厨房职业道德

敬业爱岗，诚实守信；

钻研业务，提高技能；

恪守规程，标准办事；

讲究卫生，安全生产；

厉行节约，综合利用；

遵纪守法，严格自律。

二 、厨房纪律

1. 严格执行厨房各项管理制度和操作规程及厨房日常工作规范。

2. 服从管理人员的安排和调动，按时完成上级交代的各项任务，不得无故拖延和终止工作。

3. 尊重同事，团结协作，严于律己，宽以待人，讲究职业道德。

4. 严格执行勤务守则，按时作息，不迟到早退，不擅离职守，不串岗离岗，不私自换班。

5. 注重仪容仪表，上班前要检查自己的仪表，按规定着装，佩戴工号牌。男员工每月至少理发一次，必须理短发，不得留指甲，不得戴首饰。

6. 工作时间不允许做与本职工作无关的事。工作时间不准吸烟、喝酒、赌博，不在厨房内嬉闹、打架。

7. 注意安全生产，严格按照操作规范使用设备设施，不违章作业。

8. 讲究清洁卫生，做到地面无水、台面无尘、灶面无油，明确物品归位放置。

9. 严格执行食品卫生标准。严禁领用、加工和销售不合格食品，对因工作疏忽造成食物中毒的事件要追究当事人责任。

10. 厉行节约，做好食品原料的综合利用，节约用水、电、油、气，消灭“长明灯”“长流水”。

11. 爱护厨房财物，文明使用工具、设备，不野蛮操作，不故意损坏。

12. 严守餐厅的商业秘密，按规定使用和保管秘密文件，不得向无关者泄露。如有查询，可请查询者通过正常手续与餐厅联系。

13. 未经许可，不得私自制作本餐厅供应菜品，杜绝任何原料浪费行为。

14. 不得偷吃、偷拿食物或物品，不得擅自将厨房食品、物品交与他人，不得借口食物变质而丢掉食物。

15. 不得坐卧在案板及工作台上。

16. 不得携带违禁品、危险品或与生产无关物品的个人物品进入餐厅。

三、着装标准

1. 员工当班时必须穿着工作服，戴发帽，佩戴工号牌，并保持工作衣帽合身、整齐、洁净。

2. 工作服应勤洗涤、勤更换，要经常保持工作服的洁白、平整、干净，夏天每天一换。

3. 头发应梳理整齐并置于帽内，以免头发在操作时掉落在食品中。

4. 必须按规定系紧围裙，整齐、整洁、无破损，不得拖曳。帽子必须戴正。

5. 工作服袖口、裤脚系紧，无开线。

6. 工作服衣扣扣好，不得用其他饰物代替纽扣。

7. 员工应自带擦汗毛巾，切忌工作中用工作服袖口、衣襟、围裙或用手直接擦汗。

8. 不得穿着破旧不堪、油迹斑斑、不洁不白、缺扣少布的工作服。

9. 不得赤脚或穿拖鞋、水鞋、凉鞋等容易打湿的鞋。

10. 不得在工作服外罩便服，不得披衣、敞怀、挽袖、卷裤腿。

11. 严禁穿短裤、超短裙、背心，或光膀子上班。

12. 严禁员工穿着工作服外出。

13. 严禁无故穿工作服到餐厅的服务场所逗留、穿行。

四、厨房各作业区的卫生管理制度

1. 热厨区域：

（1）炉头必须保持清洁，各炉火必须燃烧火焰正常。

（2）炉灶瓷砖清洁、无油腻，炉灶排风及运水烟罩要定期清洗，不得有油垢。

（3）各种调料罐、调料缸必须保证清洁卫生并加盖，各种料头必须定时冲水及更换。

（4）所有汁水及酱料必须定期检查及清理。

（5）定时、定期清洗冰箱及清理各种干货，杜绝使用过期或变质食物。

（6）地板及下水沟必须保持清洁无油腻、无水迹、无卫生死角及无杂物堆放。

2. 切配区域：

（1）各种刀具及砧板必须保持清洁。

（2）冰箱必须定期清洗并进行检修保养。

（3）生熟食品必须严格分开储存。

（4）必须定时、定期清理存放生鲜食物的区域。

（5）地板及下水沟必须保持清洁无油腻、无水迹、无卫生死角及无杂物堆放。

3. 冷菜区域：

（1）汁水必须定期清理及制作。

（2）生熟食品必须严格分开储存。

（3）冰箱必须定期清洗并进行检修保养。

（4）操作人员在制作食品前后时必须清洁双手并带上一次性手套。

（5）所有冷菜必须当日用完，不能过夜再用以防滋生细菌。

（6）地板及下水沟必须保持清洁无油腻、无水迹、无卫生死角及无杂物堆放。

4. 饼房区域：

（1）烘焙炉及冰箱必须定期检修及保养。

（2）烘焙产品出炉后必须完全常温后才方可用保鲜膜包起储存。

（3）必须定时、定期检查各种罐头、干货的生产日期及质量。

（4）制作面点时必须严格遵守制作手则执行。

（5）地板及下水沟必须保持清洁无油腻、无水迹、无卫生死角及无杂物堆放。

课后思考

1. 厨房工作人员的着装有什么要求？

2. 某餐馆的柠檬鸭是招牌菜，炒锅刘师傅回家把这道菜的烹饪技法教给自己的弟弟。你认为刘师傅的做法妥当吗？为什么？

任务四 中餐厨房常用工具及其保养方法

一、刀具

对刀具正确进行保养可延长其使用寿命，是确保刀工质量的重要手段。保养刀具时应做到以下几点：

1. 刀具使用之后必须用洁布擦干刀身两面的水分，特别是切咸味或带有黏性的原料（如咸菜、藕、菱等原料）时，盐渍对刀具有腐蚀性，黏附在刀身两面的鞣酸，容易氧化而使刀面发黑，而且故刀具用完后必须用清水洗净擦干。

2. 刀具使用之后，必须固定挂在刀架上，或放入刀箱内隔离放置，不可碰撞硬物，以免损伤刀刃。

3. 潮湿的季节，在刀具用完之后，应擦干水分，再往刀身两面涂抹一层植物油，以防生锈或腐蚀。

二、砧板

新购买的砧板需要刨平，然后最好放在盐水中浸泡数小时或放入锅内加热煮透，使其木质收缩，纹理细密，达到结实耐用的目的，以免砧板干裂变形。砧板使用之后，要用清水或碱水刷洗，刮净油污，保持清洁。每隔一段时间后，还要用水浸泡数小时，使砧板保持一定的湿度，以防干裂。用后要竖放以利于通风，防止墩面腐蚀。砧板使用一段时间后，如发现其表面凹凸不平时，要及时修正、刨平，保持砧板的平整。

任务五　中餐厨房常用设备安全使用介绍

一、炉灶

中餐厨房常用的炉灶为双头双尾炒炉、双头单尾炒炉，常见的热能供应有天然气、燃油，更节能、环保的电磁炒炉也很常见。

双头双尾炒炉

双头单尾电磁炒炉

二、海鲜蒸柜

常用的海鲜蒸柜为三层结构，自动上水，从上到下为大火、中火和小火。

三、搅拌机

搅拌机在厨房使用比较频繁，多用于搅拌肉类、蒜蓉、辣椒等。

课后思考：

1. 完善员工政治思想工作及业务培训工作，建立员工提合理化建议和意见的渠道，建立奖惩制度，定期评估员工的工作表现等工作由厨房哪个岗位来做？

2. 哪个岗位负责了解菜品每天预定情况，及时做好准备工作，并检查预定宴会菜品切配准备情况，每天验收情况并上报厨房办公室，严把质量关，拒收疑问原料？

3. 浸发高级干货的岗位是哪个？

4. 试述炒炉关火的步骤。

模块二　烹饪技法的认识与运用

单元一　烹饪技法：炒

任务一　炒的烹饪技法认识

炒是指将刀工成形的主料上浆（或不上浆）后用油滑或焯水加热至五到七成熟时，捞出主料沥油或水，再放入配料和调料快速翻炒成菜的烹饪技法。炒制法适用于各种烹饪原料。

（1）制品特点：紧汁抱芡，汁或芡均少，味型多样，质感或软嫩、或脆嫩、或干酥。

（2）制法种类：滑炒、生炒、软炒、熟炒、干炒、清炒等。

（3）操作要领：凡主料需要上浆时，上浆要做到吃浆上劲，上浆不宜过厚。主料用油滑或焯水时以刚至断生（视主料伸展性）为度，需用汁或芡的炒类菜品的剂量以成菜紧汁抱芡为宜。炒类菜品应根据菜品的不同来灵活运用火候，防止主料因失水过多而质地柴老。

任务二　醋熘土豆丝的制作

【任务情境】

阿欢是某酒店的大堂经理，一天他安排3个东北朋友在酒店里用餐。吃完大鱼大肉的菜后，朋友们想吃一道解油腻、助消化的菜。于是阿欢为朋友点了一道“醋熘土豆丝”，朋友们吃了以后纷纷夸赞这道菜爽口解腻，大家吃得很开心。下面，让我们一起来学习这道醋熘土豆丝吧。

【任务目标】

知识目标：1. 学会分辨土豆的品质。

2. 本菜属于熟炒，理解熟炒的定义。

技能目标： 1. 掌握切土豆丝的方法。

2. 掌握土豆丝焯水的方法。

3. 掌握土豆丝炒制的方法。

情感目标： 培养学生良好的卫生习惯及探索未知领域的兴趣。

【任务实施】

1．制作原料：

主料：土豆 600 克

配料：尖椒 75 克、蒜米 20 克、干辣椒 20 克

调料：盐 10 克、白醋 20 克、白糖 15 克

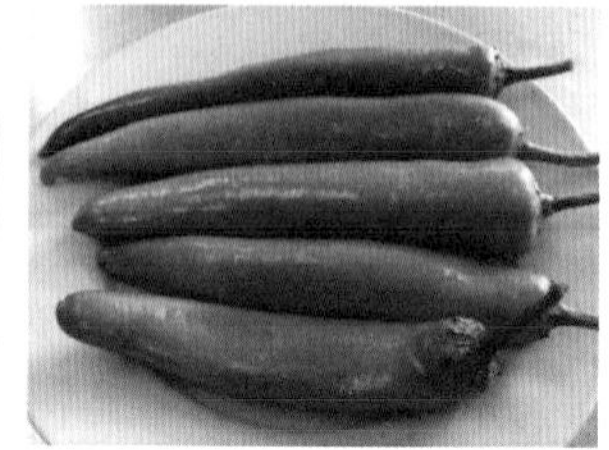

2. 制作过程 ：

（1）切配：洗净主配料，土豆洗净切丝，尖椒洗净切丝。准备一碗清水，将土豆丝放入浸泡一会，然后用清水冲洗两次，把淀粉洗出去，沥干。蒜米剁成蒜蓉，干辣椒切段。

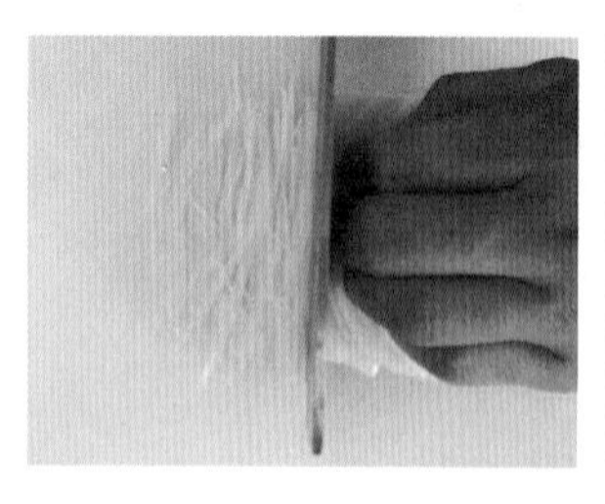
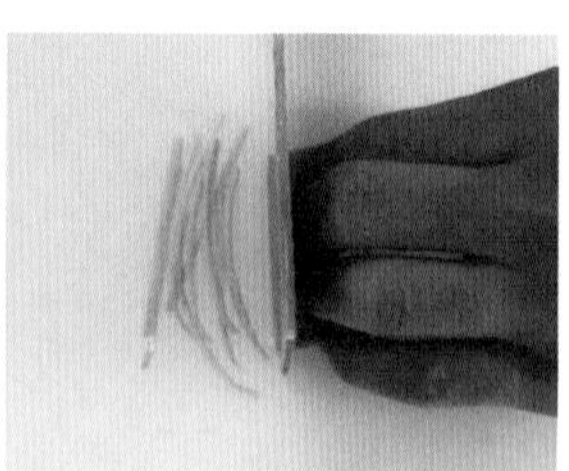

（2）焯水：锅中烧水，加入适量盐、油，待水烧开后，放入土豆丝、尖椒丝下锅中焯水（15~20 秒），捞出用凉水冲冷待用。

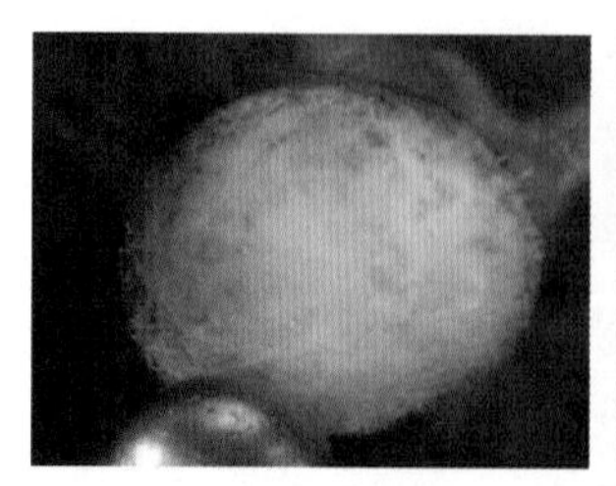

（3）炒制：起锅，热锅冷油爆香蒜蓉、干辣椒，放入土豆丝、尖椒丝，加入所需调料调味快速翻炒均匀，勾芡加尾油即可，翻炒时间控制在 1 分钟左右。

（4）成品出锅。

实训报告与知识链接

【成菜特点】

色泽金黄油亮，口味清爽酸甜。

【大师点拨】

1. 原料要保证是当季新鲜食材，以确保土豆丝爽脆的口感。

2. 焯水时油盐不可少，油可以增加土豆丝的光泽，盐能使土豆丝入味并提升爽脆口感。

3. 在焯水时要注意火候控制，焯水时间长土豆丝会失去爽脆口感，时间短会使土豆丝没熟透，出品会变色，发暗发黑。

【创意引导】

此类菜品重在刀工，切片的厚度与切丝的厚度一致才能切出高品质的土豆丝。

任务三 扬州炒饭的制作

【任务情境】

一天，一对夫妇带着一个5岁小男孩来餐厅用餐。菜品上完后，小男孩又哭又闹不想吃，餐厅服务员小陈过去安抚小男孩，向这对夫妇推荐了个“扬州炒饭”给小男孩吃。炒饭上桌后，小男孩看到色彩斑斓、香味四溢的炒饭后十分感兴趣，美滋滋地吃了起来。下面让我们一起来学习这道扬州炒饭吧。

【任务目标】

知识目标：1. 掌握烹饪技法——炒制的操作要领。
2. 能够说出扬州炒饭的原料构成与原料的品质鉴选知识。
3. 能够说出扬州炒饭的由来。

技能目标：1. 能够将扬州炒饭的各种原料切制成符合要求的丁状。
2. 能够掌握扬州炒饭各种原料熟制预处理的操作技法。
3. 能够掌握整虾去壳的技法。

情感目标：1. 培养学生良好的卫生习惯及探索未知领域的兴趣。
2. 培养学生良好的职业素养和行为规范，为今后进入行业奠定良好的专业基础。

【任务实施】

1．制作原料：

主料：米饭 500 克

配料：火腿 30 克、海虾（肉）30 克、青豆 30 克、胡萝卜 30 克、鸡蛋 2 个、葱花 20 克

调料：盐 10 克、鸡精 10 克、料酒 10 克、淀粉 30 克、花生油适量

2. 制作过程：

（1）切配：洗净主配料，海虾去壳、去虾线，切丁，放盐、料酒、淀粉腌制待用。胡萝卜、火腿切丁，鸡蛋放碗里打散待用。

（2）焯水，滑油：锅中烧水，放入虾丁、青豆、胡萝卜丁，焯水至断生捞出冲冷水后待用。火腿丁放入四成热的油中滑油至断生捞出待用。

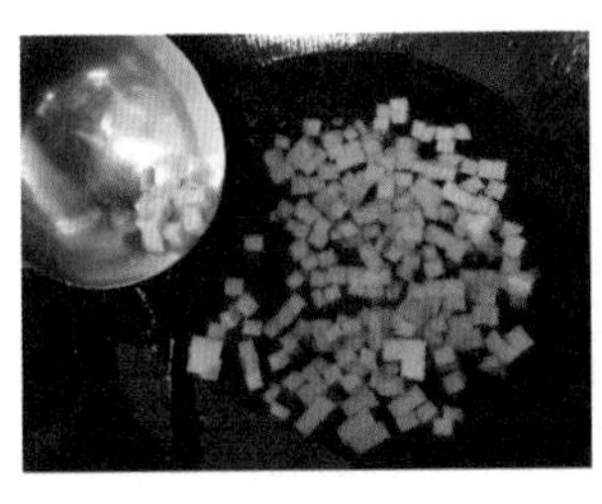 

（3）炒制：烧热锅放油，放入鸡蛋液炒至八成熟，加入米饭翻炒，使米粒分开。再加入虾丁、火腿丁、胡萝卜丁、青豆翻炒均匀，调味即可出锅装盘，撒上葱花。

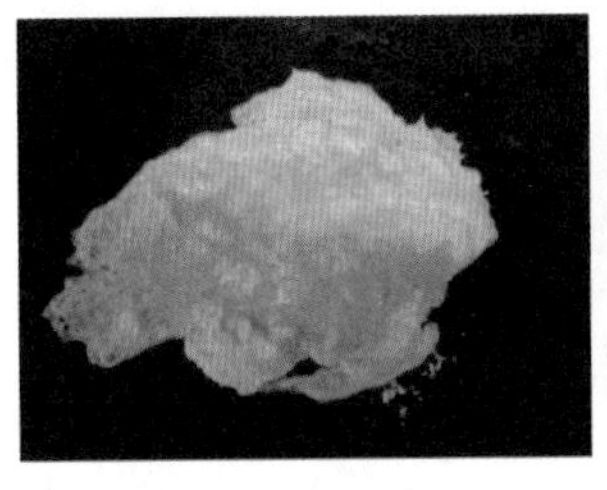  

（4）成品出锅。

【成菜特点】

米饭颗粒分明、粒粒松散、香味浓郁，配菜鲜嫩爽口。

【大师点拨】

实训报告与知识链接

1. 蔬菜原料要选用新鲜食材。
2. 在炒制的过程中，要将米饭炒至粒粒分开，受热均匀。
3. 在焯水时要注意火候控制、焯水时长，避免影响口感。

【创意引导】

1. 盛器的变化：可通过盛器的不同，选择不同而又有创意的摆盘，从而提高菜品的档次及美感。

2. 食材的变化：海参、瑶柱、莴苣等均可作为本菜的时令原料食材。

任务四 老友炒粉的制作

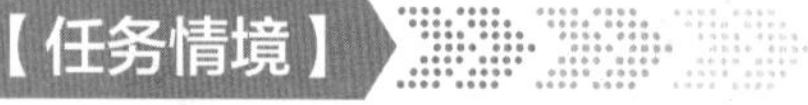

【任务情境】

小宝是广西人，在浙江一家大酒店做厨师。近日酒店开展“秀秀我的家乡菜”技能大赛，要求参加比拼的菜品有地方特色，同时经济实惠、味美价廉。小宝做了一道“老友炒粉”参加比赛，极具特色的味道获得了比赛的好名次。下面，让我们一起来学习这道老友炒粉吧。

【任务目标】

知识目标： 1. 掌握烹饪技法——炒制的操作要领。

2. 能够说出老友炒粉的原料构成与米粉的品质鉴选知识。

3. 能够了解老友炒粉的由来。

技能目标：1. 能够掌握将锅烧热后用冷油滑油使原料不易粘锅的操作技法。

2. 能够掌握老友炒粉的调味方法，突出其香辣、微酸咸的特点。

情感目标：1. 培养学生良好的卫生习惯及探索未知领域的兴趣。

2. 培养学生良好的职业素养和行为规范，为今后进入行业奠定良好的专业基础。

【任务实施】

1. 制作原料：

主料：切粉 500 克

配料：蒜蓉 10 克、指天椒 10 克、豆豉 10 克、酸笋 20 克、猪肉 30 克、葱花 10 克

调料：盐 10 克、生抽 10 克、老抽 5 克、白醋 5 克、蚝油 5 克、花生油适量

2. 制作过程：

（1）切配：酸笋洗净切丝，放入锅中炒干水分备用。豆豉剁碎，指天椒切短段，猪肉切片。

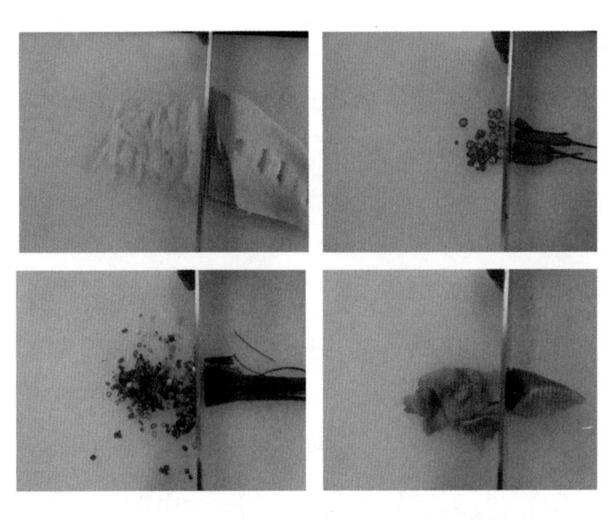

（2）炒制：起锅，热锅冷油爆香蒜蓉、豆豉、指天椒、酸笋，再放入猪肉片炒熟，接着放米粉，调味，中火翻炒均匀。米粉要炒散不能粘连，炒出香味撒上葱花即可。

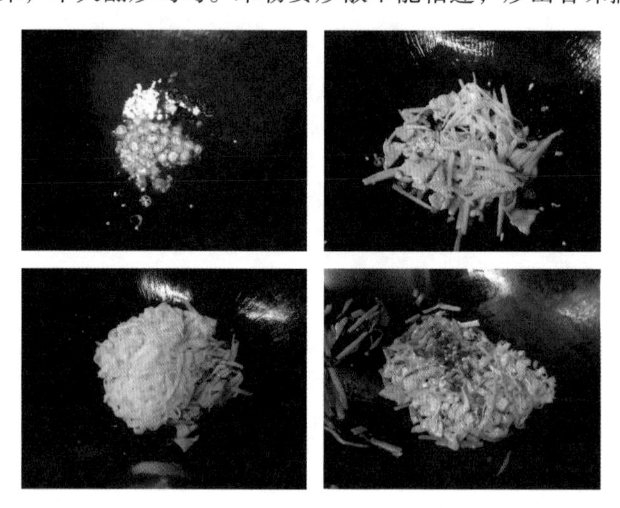

（3）成品出锅。

实训报告与知识链接

【成菜特点】

气味辛香，口味酸香微辣，色泽均匀，入口柔韧。

【大师点拨】

1. 猪肉原料要新鲜。

2. 要将豆豉、指天椒、酸笋用小火炒出香味后，再放入米粉炒制。

3. 米粉要炒至条条分开，才能入味均匀，色泽一致。

【创意引导】

1. 米粉品种的变化：除切粉外，还可选用圆粉、红薯粉、细米粉来炒制，获取不同的风味、口感。

2. 食材的变化：水产类、家畜类、蔬菜类等原料食材都可用来做老友炒粉。

荷塘小炒的制作

任务五 五彩肉丝的制作

【任务情境】

小陈是重庆一家火锅店的点菜员，正在为5位店内用餐的客人点菜。客人们来自广东，到重庆出差，想吃些小炒等清淡点的菜品，于是小陈给客人点了一道“五彩肉丝”，这道菜不仅口味清淡，而且色彩艳丽，客人们都很满意。下面让我们一起来学习这道五彩肉丝吧。

【任务目标】

知识目标： 1. 能够说出五彩肉丝的原料构成。

2. 能够说出猪肉原料的品质鉴选知识。

技能目标： 1. 掌握将菜品的各种原料切制成丝的操作技法。

2. 掌握五彩肉丝各种原料熟制预处理的操作技法。

情感目标： 1. 培养学生良好的卫生习惯及探索未知领域的兴趣。

2. 培养学生良好的职业素养和行为规范，为今后进入行业奠定良好的专业基础。

【任务实施】

1. 制作原料：

主料：猪肉300克、红椒50克、青椒50克、胡萝卜50克、木耳50克

配料：蒜米10克、姜蓉10克

调料：盐8克、鸡精8克、白糖8克、调和油适量

2. 制作过程：

（1）初加工——切配：洗净主配料，统一切成丝，长 6 ~ 8 厘米，宽 0.2 厘米。将切好的肉丝加入盐、淀粉搅拌均匀，然后加入少许调和油将肉丝打散待用。

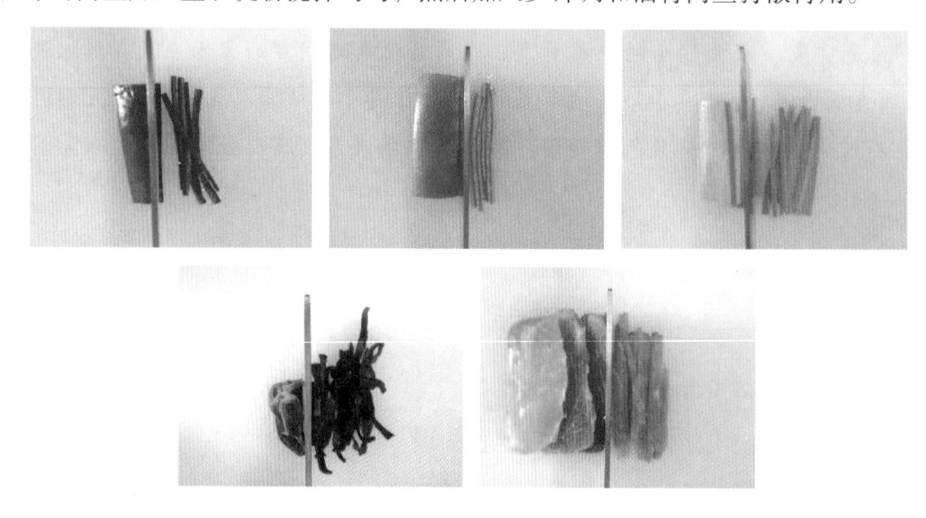

（2）熟处理——焯水、滑油：锅中烧水，加入适量盐、油，待水烧开后，放入青红椒、胡萝卜、木耳焯水 15~20 秒捞出过冷待用。肉丝放入三到四成油温的油锅滑油至仅熟后捞出。

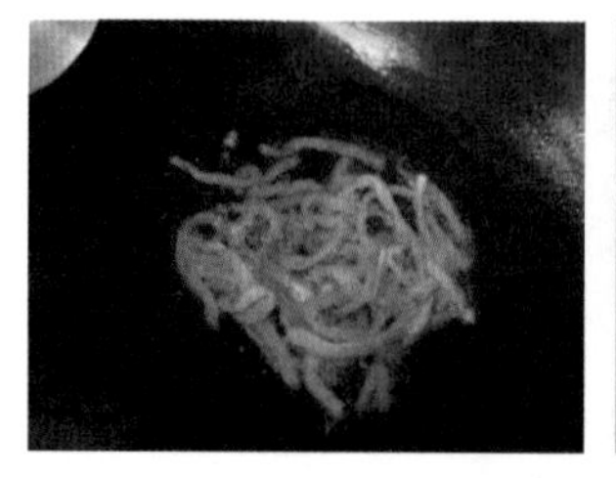

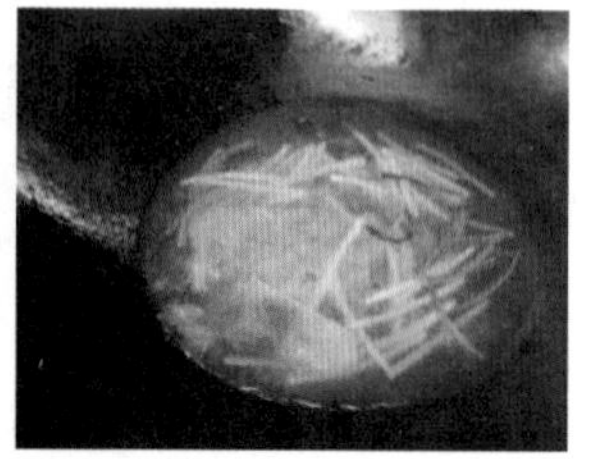

（3）炒制：起锅，热锅冷油爆香料头，放入全部熟处理过的原料，调味后翻炒均匀，用淀粉水勾芡后，下尾油继续翻炒即可。

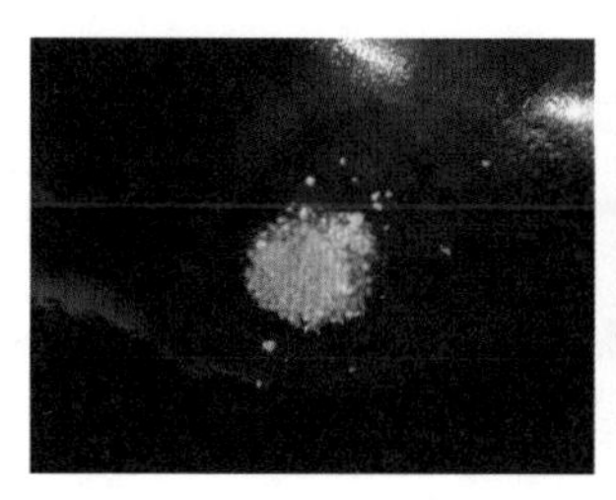
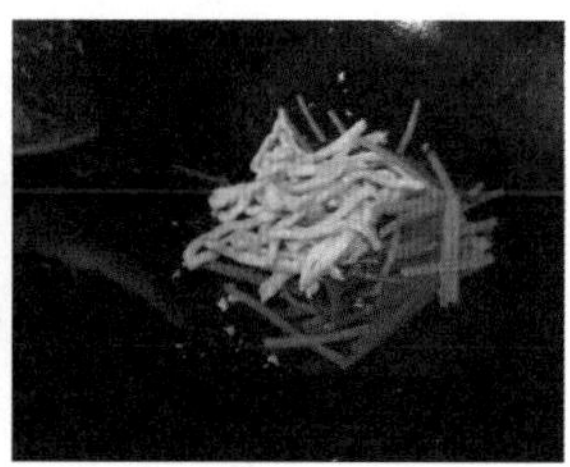

（4）成品出锅。

实训报告与知识链接

【成菜特点】

菜品有光泽，口味清爽，勾芡均匀。

【大师点拨】

1. 原料要保证是当季新鲜食材。
2. 焯水时油盐不可少。
3. 在焯水时要注意火候控制和焯水时长，避免影响口感。

【创意引导】

1. 盛器的变化：可通过盛器不同，选择不同而又有创意的摆盘，从而提高菜品的档次及美感。

2. 食材的变化：莴苣、青瓜、竹笋等原料都可作为本菜时令原料食材。

任务六　川味回锅肉的制作

【任务情境】

小敏在广州的一家川菜馆做服务员。一天来了一家5口人来用餐，小孩子嚷嚷着要吃肉，小敏马上为他们点了道“川味回锅肉”，用餐后客人很满意。下面，我们一起来看看这道经典川菜该怎么做才能达到标准。

【任务目标】

知识目标：1. 能够了解回锅肉的由来。

2. 能够说出回锅肉的原料构成与五花肉的品质鉴选知识。

3. 川菜多用小煎小炒，通过此菜了解川菜小炒的特点。

技能目标：1. 能够掌握五花肉熟制预处理的操作技法。

2. 能够掌握原料切制的操作技法。

3. 能够掌握豆瓣酱在烹制菜品中的操作要领。

情感目标：1. 培养学生良好的卫生习惯及探索未知领域的兴趣。

2. 培养学生良好的职业素养和行为规范，为今后进入行业奠定良好的专业基础。

【任务实施】

1. 制作原料：

主料：五花肉 400 克

配料：蒜米 5 克、姜 5 克、红椒 20 克 、青椒 20 克、洋葱 20 克、大蒜 20 克

调料：盐 2 克、豆豉 10 克、白糖 5 克、豆瓣酱 5 克、甜面酱 3 克、生抽 5 克、老抽 5 克、花生油 30 克

2. 制作过程：

（1）初加工——切配：洗净主配料，将青红椒、洋葱切片，大蒜切段，豆豉切碎，姜蒜切末。

  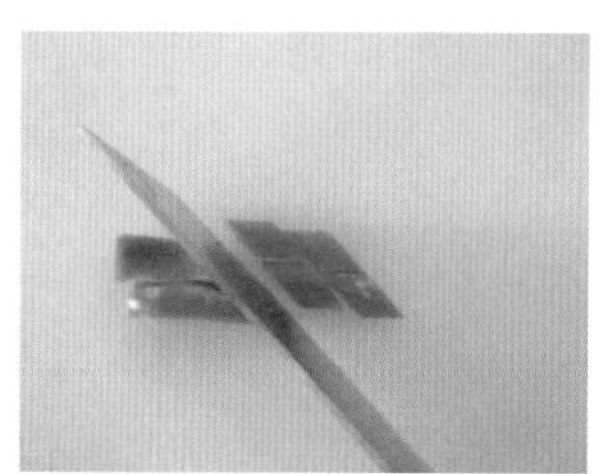

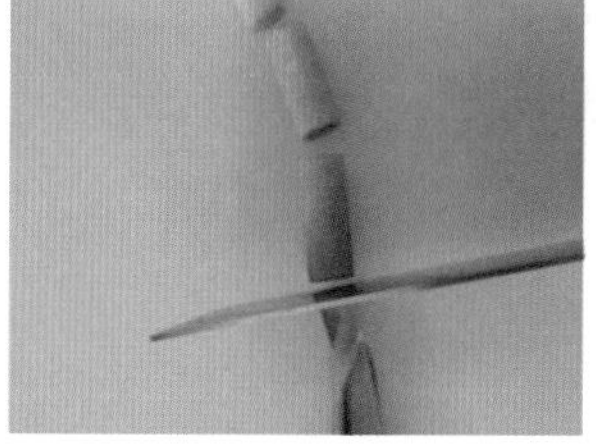 

（2）熟处理：将五花肉煮熟，切片待用，青红椒片焯水至断生，捞出过冷水。

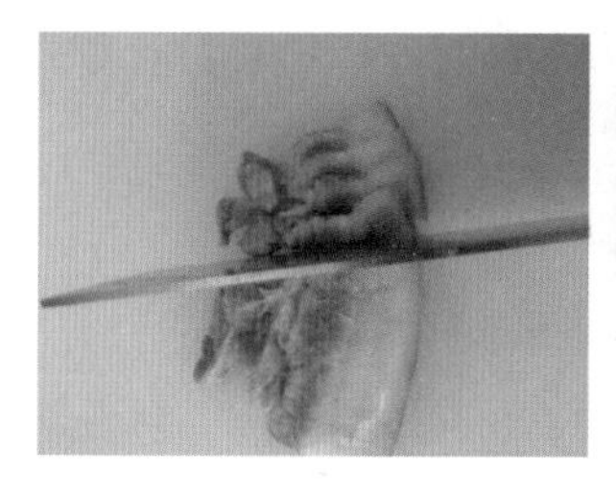 

（3）炒制：热锅下冷油，放入五花肉用中火煸炒出油，下料头、豆豉、豆瓣酱炒出香味和色泽。放入青红椒片、洋葱片、大蒜段调味翻炒均匀，最后用淀粉水勾芡即可。

（4）成品出锅。

实训报告与知识链接

【成菜特点】

色泽红润油亮，口味咸鲜香辣。

【大师点拨】

1. 猪肉原料也可以选择脂肪比较厚的后腿肉。
2. 豆瓣酱要用小火炒香，五花肉要炒出油。
3. 注意火候，一定要旺火快炒。

【创意引导】

1. 盛器的变化：可通过盛器不同，选择不同而又有创意的摆盘，从而提高菜品的档次及美感。

2. 食材的变化：莴苣、蒜苗等都可作为本菜时令原料食材。

任务七　苦瓜炒牛肉的制作

【任务情境】

小林是银发大酒店自助餐厅的厨师长，他接到任务，负责接待一个老年旅游团的用餐。正值夏日天气炎热，老年人不太喜欢吃得太油腻，于是小林安排了“苦瓜炒牛肉”等清淡爽口的菜品，受到客人的好评。

【任务目标】

知识目标：1. 能够掌握苦瓜炒牛肉的原料构成与牛肉的品质鉴选知识。

2. 能够掌握去除苦瓜自身苦味的方法。

技能目标：1. 能够掌握切牛肉片时逆着纹路切片的操作技法。

2. 能够掌握运用斜片刀法切苦瓜片的操作技法。

情感目标：1. 培养学生良好的卫生习惯及探索未知领域的兴趣。

2. 培养学生良好的职业素养和行为规范，为今后进入行业奠定良好的专业基础。

【任务实施】

1．制作原料：

主料：牛肉 400 克、苦瓜 300 克

配料：蒜米 5 克、红椒 30 克

调料：盐 5 克、鸡精 5 克、白糖 5 克、蚝油 5 克、料酒 5 克、淀粉 30 克、花生油适量

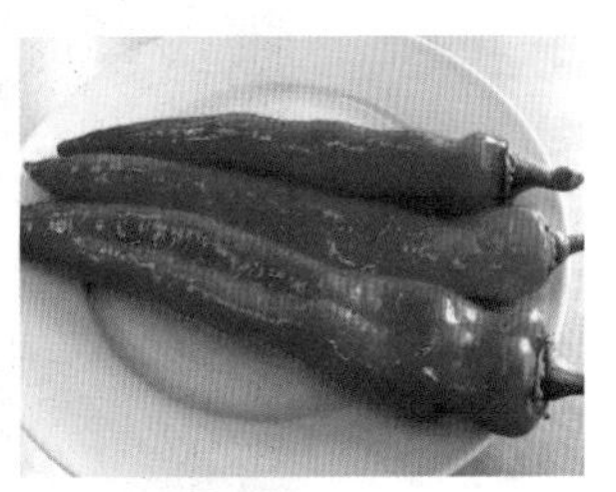

2. 制作过程 ：

（1）切配：洗净主配料，牛肉切片，加入盐、料酒、淀粉搅拌均匀腌制待用，苦瓜、红椒切片。

（2）熟处理：锅中烧水，加入适量盐、油，待水烧开后，放入苦瓜、红椒焯水15~20秒捞出过冷待用。牛肉放入油锅中滑油至断生捞出。

（3）炒制：另起锅，热锅冷油爆香料头，放入所有原料，烹入料酒，调味后，翻炒均匀，用淀粉水勾芡，加明油即可。

（4）成品出锅。

【成菜特点】

色泽翠绿油亮，口味清爽嫩滑。

实训报告与知识链接

【大师点拨】

1. 原料要保证是当季新鲜食材。
2. 焯水时油盐不可少。
3. 在焯水时要注意火候控制、焯水时长，避免影响口感。
4. 牛肉滑油时，油温要控制在四成油温，牛肉才嫩滑。

【创意引导】

1. 盛器的变化：可通过盛器不同，选择不同而又有创意的摆盘，从而提高菜品的档次及美感。
2. 食材的变化：猪肉、青瓜、莴苣等食材都可作为本菜时令原料食材。

任务八　炒的烹饪技法基本功任务考核

炒是中餐使用最普遍的烹饪技法，在酒店、酒楼、快餐等各类中餐厅中，大部分的菜品都是运用炒法烹饪。炒菜有时间短、上菜快、味型多、口感爽等诸多优点，因此炒法也是中餐厨师必须熟练掌握的重要技法。

学习炒法，除了掌握其操作技巧，还要了解炒法对原料的要求。因此，本次任务考核就是要求各组同学们运用给足的原料，自行组合烹饪出一款菜品，要严格按照炒法的要求完成。

给定原料有：

1. 主料：猪脊肉、鸡胸肉、牛肉
2. 配料：青瓜、胡萝卜、木耳、青椒、红椒、土豆

请任选一款主料，任意搭配一种或几种配料，完成一道炒菜并完成下表。

<table>
<tr><td>菜品名称</td><td></td><td>完成日期</td><td></td><td>表格填写人</td><td></td></tr>
<tr><td>团队成员</td><td colspan="5"></td></tr>
<tr><td>任务描述</td><td colspan="5"></td></tr>
<tr><td>评分要素</td><td colspan="3">评价标准描述</td><td>配分</td><td>自评得分</td></tr>
<tr><td>任务分工
时间分配</td><td colspan="3"></td><td>20</td><td></td></tr>
<tr><td>菜品选料</td><td colspan="3"></td><td>10</td><td></td></tr>
<tr><td>刀工成形</td><td colspan="3"></td><td>10</td><td></td></tr>
<tr><td>烹制火候</td><td colspan="3"></td><td>20</td><td></td></tr>
<tr><td>菜品调味</td><td colspan="3"></td><td>10</td><td></td></tr>
<tr><td>成菜特点</td><td colspan="3"></td><td>8</td><td></td></tr>
<tr><td>菜品装盘</td><td colspan="3"></td><td>7</td><td></td></tr>
<tr><td>卫生习惯</td><td colspan="3"></td><td>15</td><td></td></tr>
<tr><td>职业素养评价</td><td></td><td>教师评分</td><td></td><td>自评总分</td><td></td></tr>
</table>

单元二　烹饪技法：烧、焖

任务一　烧、焖的烹饪技法认识

烧、焖是将加工和初步熟处理的主、配料，以较多的汤水调味后，用中、小火较长时间进行烧煨，使主、配料酥烂入味的烹饪技法。

（1）制品特点：汤汁浓稠，质感软烂，口味醇厚。

（2）制法种类：红烧、黄焖、罐焖等。

（3）操作要领：红烧制法以色泽深红而得名，故调色不要过浅。主、配料在加汤焖制时，要一次性加足，不宜中途加汤或焖制后加汤；焖制时，必须用慢火并加盖；焖至中途时，可调整一下主、配料的位置，以便原料受热均匀并防止煳锅。黄焖制法以色泽黄润而得名，故调色时不宜过深或过浅。主、配料在初步熟处理时，要使其表面呈现黄色，为成菜打下了底色；主、配料在加汤和调料焖制时，汤汁的颜色应以浅色为宜；当主、配料软烂后，随着汤汁的减少，汤汁的颜色也会加深，因此，调色要充分留有余地。在用罐焖制之前主料要经过初步熟处理，并与调好味的汤汁混合烧滚，然后再放入罐中。此外，按使用调料的不同，还有酱焖、糟焖等方法。

任务二　麻婆豆腐的制作

【任务情境】

又到了一年一度的美食节厨艺大赛，这次赛事的主题是以豆腐为主要原料烹饪成菜品，很多选手都选做“麻婆豆腐”，但是谁能做得最地道呢？如果你也选了这道菜参赛，你有信心取得好名次吗？让我们一起来学习做这道菜。

【任务目标】

知识目标：1. 掌握烹饪技法——烧制的操作要领。

2. 掌握麻婆豆腐的原料构成与豆腐的品质鉴选知识。

3. 掌握麻婆豆腐的由来。

技能目标：1. 掌握豆腐熟制预处理的操作技法。

2. 掌握麻婆豆腐麻辣鲜香的调味技法。

3. 掌握豆瓣酱在烹制菜品中的操作要领。

情感目标：1. 培养学生良好的卫生习惯及探索未知领域的兴趣。

2. 培养学生良好的职业素养和行为规范，为今后进入行业奠定良好的专业基础。

【任务实施】

1. 制作原料：

主料：豆腐 500 克、牛肉 60 克

配料：葱 5 克、姜 5 克、蒜 5 克

调料：白砂糖 10 克、盐 5 克、酱油 5 克、绍酒 10 克、辣椒粉 10 克、花椒粉 10 克、郫县豆瓣酱 20 克、红油 5 克

 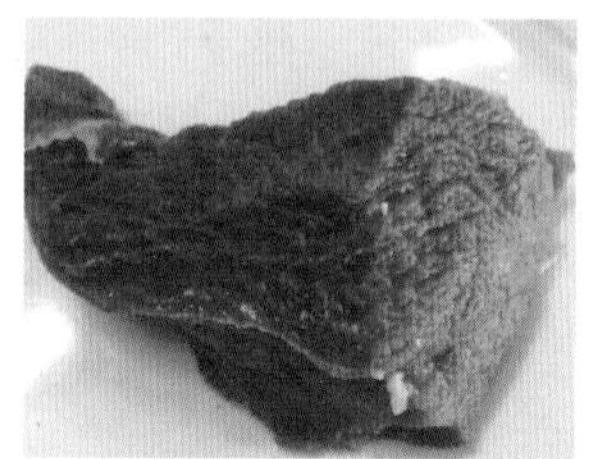

2. 制作过程：

（1）洗净主配料，将豆腐改刀成大小统一的小方块，牛肉剁碎成肉末，腌制基本味待用。葱白切末，姜、蒜也切成末，葱尾切葱花。豆瓣酱剁细剁烂。

（2）热锅放水，将豆腐冷水下锅，煮至水刚烧开马上倒出待用。热锅放油，放入豆瓣酱炒出红油，下姜、蒜、葱白末炒香，再放入牛肉末炒至变色，烹入料酒，放入适量汤水，调味。

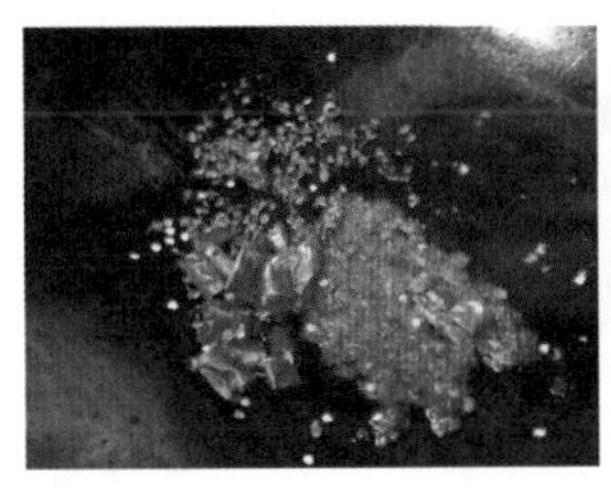  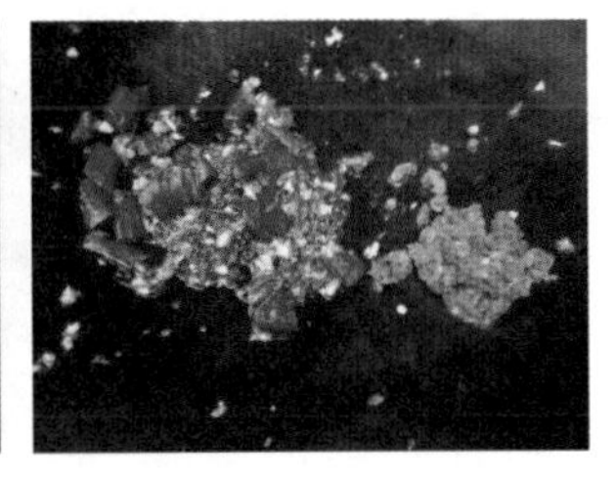

（3）将焯好水的豆腐下入锅中大火烧开，撇去浮沫改中火烧制片刻，中途要晃动锅头并用手勺轻轻推动豆腐，使豆腐受热均匀入味。

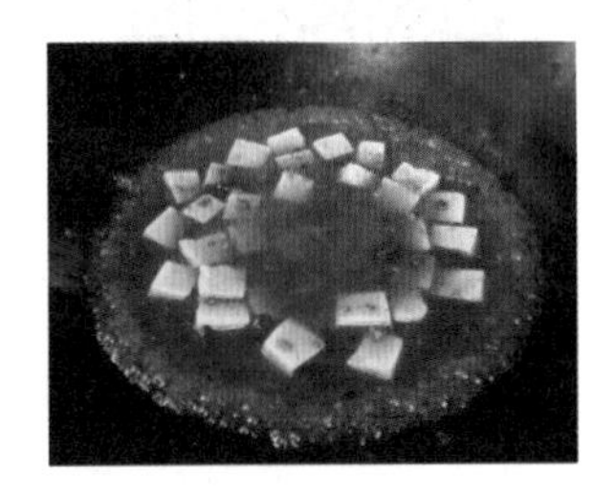

（4）大火收汁，勾芡，用手勺轻轻推动并晃锅，芡汁浓稠后出锅装盘。

（5）先撒上辣椒粉和花椒粉，再撒葱花，将红油烧热后淋到葱花和粉末上即可。

实训报告与知识链接

【成菜特点】

色泽红亮，豆腐完整，香麻味浓郁，入口鲜香滑爽，麻、辣、烫。

【大师点拨】

1. 豆腐一定要切口整齐，大小均匀，达到菜品成形要求。
2. 在烧制过程中要用手勺轻轻推动豆腐，避免粘锅，但是不能弄碎豆腐。

【创意引导】

1. 盛器的变化：可通过盛器不同，选择不同而又有创意的摆盘，从而提高菜品的档次及美感。

2. 食材的变化：根据时令食材的变化，可烹饪出如“麻婆土豆鸡”“麻婆豆腐鱼”等同类菜品。

鱼香茄子的制作

任务三　菠萝焖鸭的制作

【任务情境】

暑假里小美和家人来到美丽的广西首府南宁，但是天气太热他们一直没什么胃口。今天他们游览了青秀山后来到你所在的酒楼，想要品尝一下地道的广西风味，但是又不知道吃什么，这时你就可以向他们推荐这道“菠萝焖鸭”。菠萝的清香和口味能刺激他们的食欲，那么如何能将这道菜做得让他们回味无穷呢？

【任务目标】

知识目标：了解鸭子和菠萝的营养特点。

技能目标：能正确地掌控菠萝焖鸭的火候。

情感目标：通过合作学习与小组工作，培养学生良好的合作意识与团队意识。

【任务实施】

1．制作原料：

主料：土鸭一只（约 1500 克）

配料：菠萝一个，姜、葱、蒜各 20 克

调料：白砂糖 50 克、盐 25 克、酱油 70 克、绍酒 50 克、鸡精 20 克

2. 制作过程 ：

（1）洗净主配料，把鸭子砍成等大的块。菠萝削皮切块，用盐水浸泡待用。

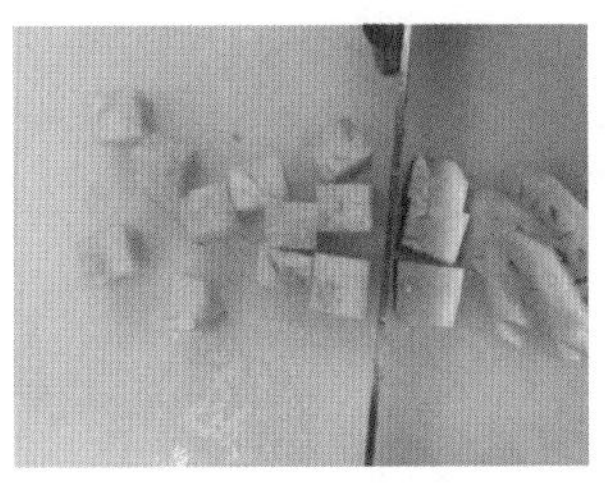

（2）鸭肉下锅炒干水分并炒出一部分油脂，待表皮微黄有香味即可捞出。

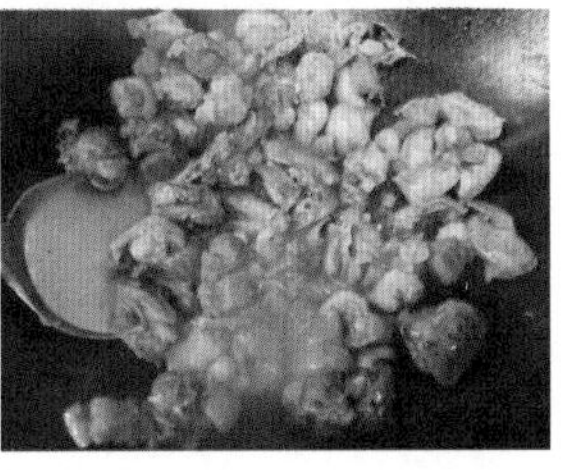

（3）热锅过油，留少量油，爆香姜、葱、蒜，放入炒过的鸭肉，烹入料酒后放适量清汤，加入酱油、鸡精、盐、白砂糖调味，大火烧开后改中小火加盖焖 15 分钟。

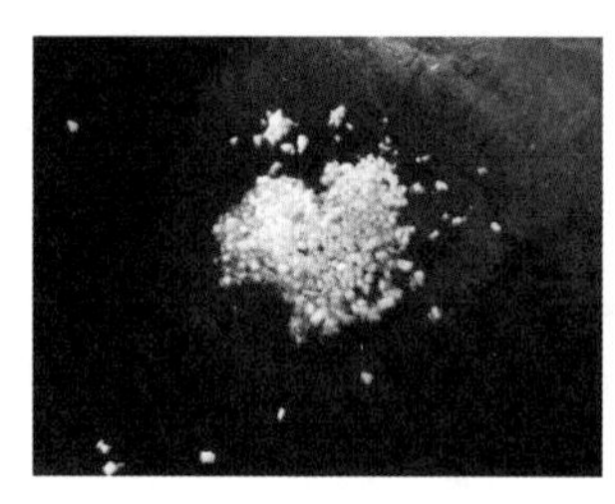

（4）即将出锅前放入菠萝，再加盖焖5分钟，然后开盖用大火收浓汁液，勾芡加包尾油出锅。

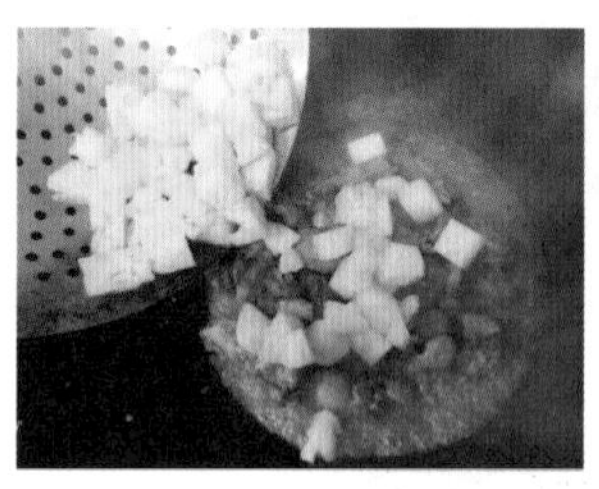

【成菜特点】

鸭肉软嫩鲜香，有菠萝的香味，菠萝形状完整。

【大师点拨】

1. 鸭肉要炒香出油，可使最后成菜不油腻。

2. 菠萝下锅不能焖太久，以免过于软烂失去口感和香味。

实训报告与知识链接

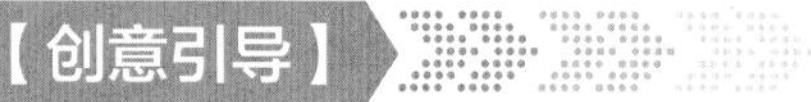

【创意引导】

1. 盛器的变化：可通过盛器不同，选择不同而又有创意的摆盘，从而提高菜品的档次及美感。

2. 食材的变化：排骨、鸡肉等食材都可作为本菜的时令原料食材。

任务四　灵马豆腐焖鲶鱼的制作

【任务情境】

“灵马豆腐焖鲶鱼”是广西一道很受欢迎的地方菜，风味独特，浓香鲜美。今天酒店有几位东北的客人要到餐厅品尝一下这道菜品，你会怎么做这道菜？

【任务目标】

知识目标：1. 了解鲶鱼的特点。
　　　　　2. 本菜做法属于炸焖，要理解炸焖的定义。
技能目标：1. 掌握炸和焖的烹饪技法。
　　　　　2. 掌握鲶鱼的宰杀和处理的方法。
情感目标：通过合作学习与小组工作，培养学生良好的合作意识与团队意识。

【任务实施】

1. 制作原料：

主料：鲶鱼一条（约 1000 克）

配料：豆腐 250 克，葱、姜各 20 克

调料：白砂糖 10 克、盐 10 克、酱油 30 克、绍酒 10 克、胡椒粉 5 克

2. 制作过程 ：

（1）宰杀鲶鱼，宰杀时不要从肚子处开膛破肚，应从鲶鱼下巴和鳃的三角连接处撕开，把肚皮跟上半身分开，这样才能留成完整的鲶鱼肚腩。

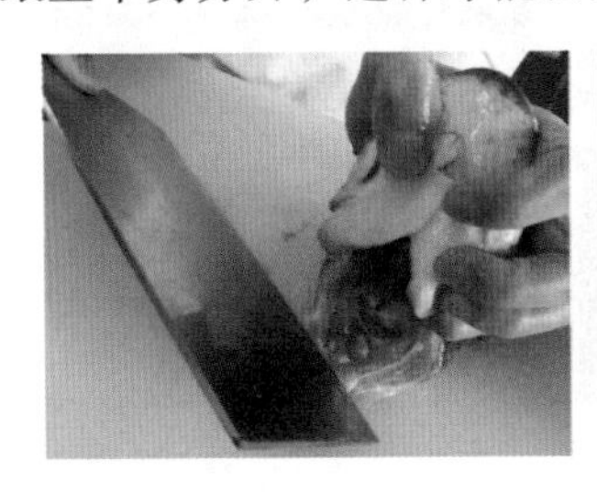 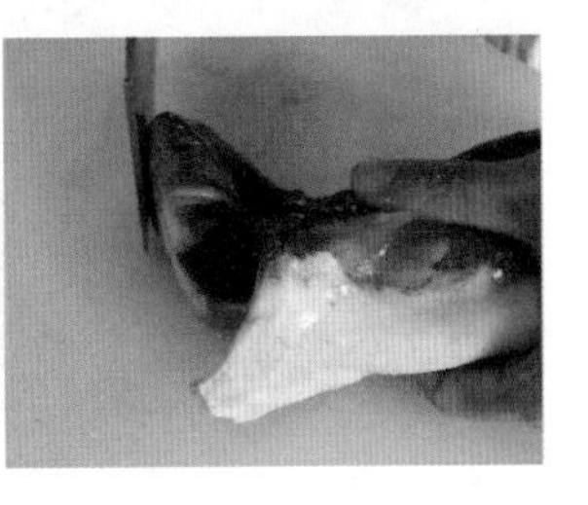

（2）姜切片，葱切段。鲶鱼洗净后砍成块，用姜片、葱段、盐、料酒腌制 15 分钟。豆腐切成整齐的方块或者三角块。

（3）热锅过油，留少量油在锅里，放入豆腐大火改中火炸至金黄捞出，再将鱼块裹上生粉炸至焦香金黄备用。

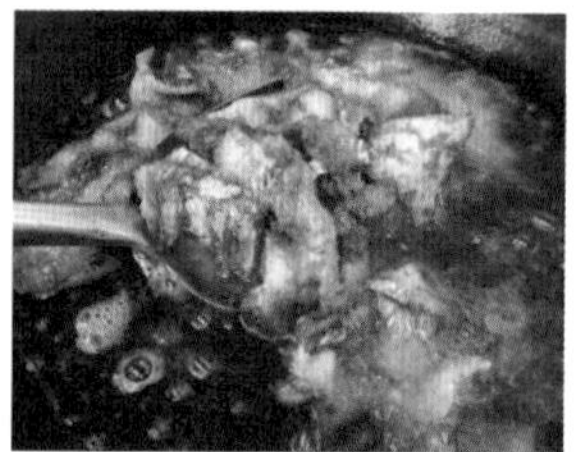

（4）热锅过油，炒香姜片、葱段，放入豆腐和鱼块，烹入料酒，加适量清汤，调咸鲜味，大火烧开后改中火加盖焖几分钟。

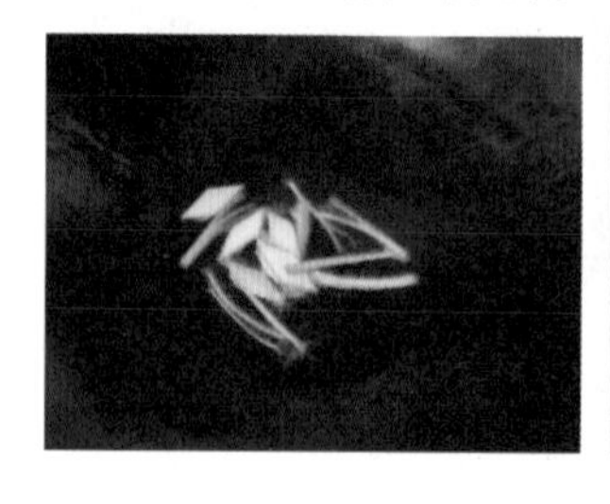

（5）出锅前大火收汁，勾芡加包尾油出锅。

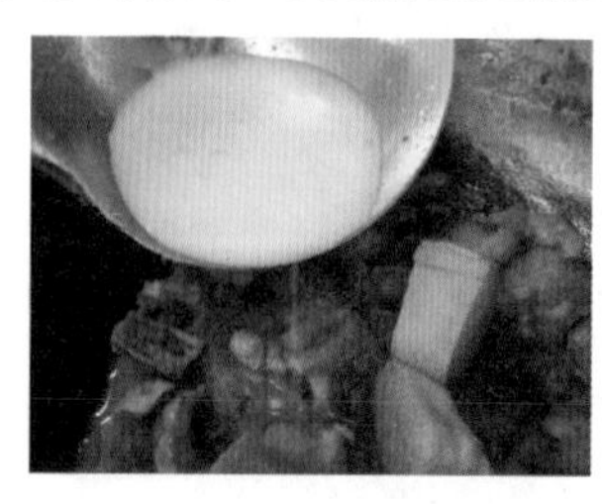

【成菜特点】

鱼肉和豆腐外香里嫩，咸鲜适口。

【大师点拨】

1. 鲶鱼不要开肚子，因为其肚腩脂肪较多，如果切开会在高温加热中流失，影响成菜口感。

2. 炸制时锅一定要洗干净并烧热再过油，不要粘锅。

3. 焖制时一定要加盖子，保留原料鲜美味。

实训报告与知识链接

【创意引导】

1. 造型的变化：可以尝试从造型上去改变，思考能否实现整鱼焖制？

2. 食材的变化：可以从配料去创新变化，换一些适合焖制的配料食材，比如黄豆。

香芋焖土鸡的制作

红烧鲤鱼的制作

任务五 烧、焖的烹饪技法基本功任务考核

红烧类菜品因其色泽红亮、香味浓郁、口感软糯、口味醇厚、装盘大气、男女老少皆宜的特点，常常成为日常餐桌上的主角。红烧的原料可荤可素，我们日常熟悉的五花肉、鱼、虾、蟹、排骨、茄子、南瓜、豆腐、鸡、鸭、鹅等都可以使用红烧的技法来烹饪，其中最有代表性的就是红烧肉，家喻户晓的东坡肉就是红烧肉。

接下来，我们就以红烧肉为任务考核内容，每组完成两盘出品，请大家做好课前资料查询和整理，设计出美观实用的装盘。

菜品名称		完成日期		表格填写人	
团队成员					
任务描述					
评分要素	评价标准描述			配分	自评得分
任务分工 时间分配				20	
菜品选料				10	
刀工成形				10	
烹制火候				20	

（续表）

<table>
<tr><td>菜品调味</td><td colspan="3"></td><td>10</td><td></td></tr>
<tr><td>成菜特点</td><td colspan="3"></td><td>8</td><td></td></tr>
<tr><td>菜品装盘</td><td colspan="3"></td><td>7</td><td></td></tr>
<tr><td>卫生习惯</td><td colspan="3"></td><td>15</td><td></td></tr>
<tr><td>职业素养评价</td><td></td><td>教师评分</td><td></td><td>自评总分</td><td></td></tr>
</table>

单元三　烹饪技法：蒸

任务一　蒸的烹饪技法认识

蒸是以蒸汽为传导加热的烹饪技法。在中餐烹饪中，蒸的使用比较普遍，它不仅用于烹饪菜品（蒸菜品），而且还用于原料的初步加工和菜品的保温回笼等。

蒸制菜品是将原料（生料或经初步加工的半制成品）装入盛器中，加好调味品和汤汁或清水（有的菜品不需加汤汁或清水，而只加调味品）后上笼蒸制。

蒸制菜品所用的火候，随原料的性质和烹饪要求而有所不同。一般只要蒸熟不要蒸酥的菜，应使用旺火，在锅水沸滚时上笼速蒸，断生即可出笼，以保持口感鲜嫩。对某些经过细致加工的各种花色菜，则需用温火蒸制，以保持菜品形式、色泽的整齐美观。蒸制菜品是为了使菜品本身汁浆不像水煮加热那样容易溶于水中，同时由于蒸笼中空气的温度已达到饱和点，菜品的汤汁也不像用油加热那样被大量蒸发。因此，一般较细致的菜品，大多是采用蒸的烹饪技法。蒸的菜品不仅能保证其原汁原味，还可以最大限度地保持其营养价值不被流失。

任务二　文蛤蒸水蛋的制作

“文蛤蒸水蛋”是广西沿海地区的一道家常菜品，采用北部湾盛产的野生文蛤为主料，配以当地特有的野放柴鸡蛋，点缀香葱，上火蒸制成熟。菜品色泽黄艳、鲜香滑润，让人口齿留香。让我们一起来学习这道菜吧

【任务目标】

知识目标：掌握蛋类食材的性质特点。

技能目标：1. 能够掌握芙蓉蛋制作的原料搭配比例及火候控制。

2. 掌握芙蓉蛋烹制和调味的技术要领。

3. 能够按照菜品制作流程在规定时间内完成文蛤蒸水蛋的制作。

情感目标：1. 通过菜品制作提高职业综合素养。

2. 通过总结蒸制菜品的特点及作用，培养学生分析工作过程的能力，以及研发创新菜品的能力。

【任务实施】

1. 制作原料：

主料：文蛤 10 个（约 150 克）、柴鸡蛋 3 个

配料：香葱 5 克

调料：盐 5 克、生抽 5 克、花生油 20 克、料酒 5 克

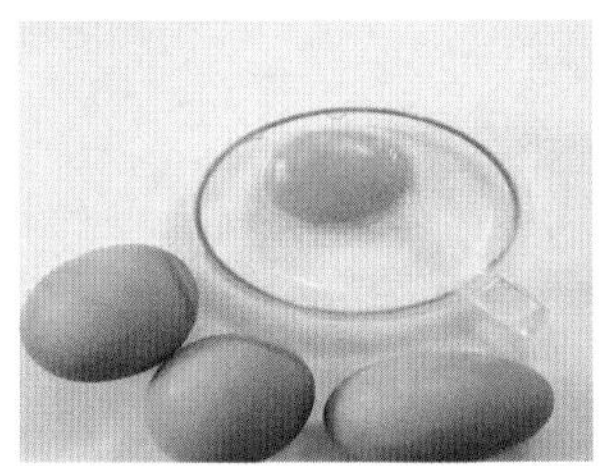

2. 制作过程：

（1）初加工：将文蛤放入水盆，滴入食用油几滴，净置半小时让其将沙吐净，然后冷水下锅煮至开口备用。将柴鸡蛋打入碗中搅匀，加入蛋液 1:2 的温开水、料酒、盐拌匀，刮掉表面的小水泡待用。香葱切葱花待用。

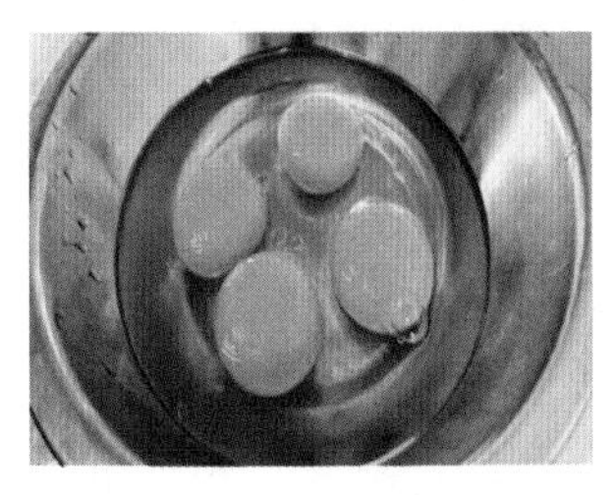

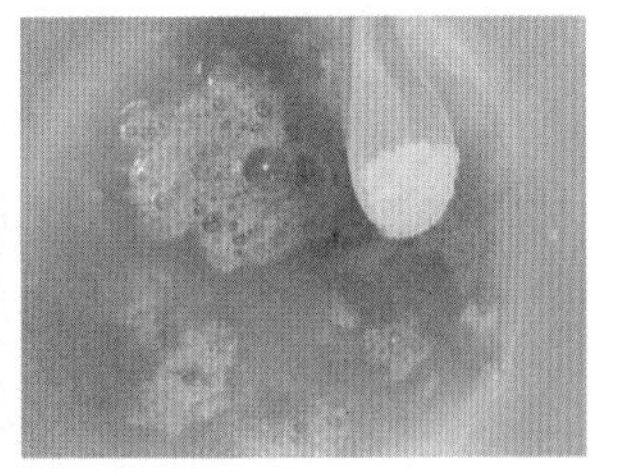

（2）蒸制：将蒸锅上火，放水烧开，把文蛤整齐码放到十寸汤碟里，沿碟边将打发好的蛋液倒入碟中，蛋液至文蛤的 3/4 高的位置即可，入蒸锅小火蒸制 12 分钟。

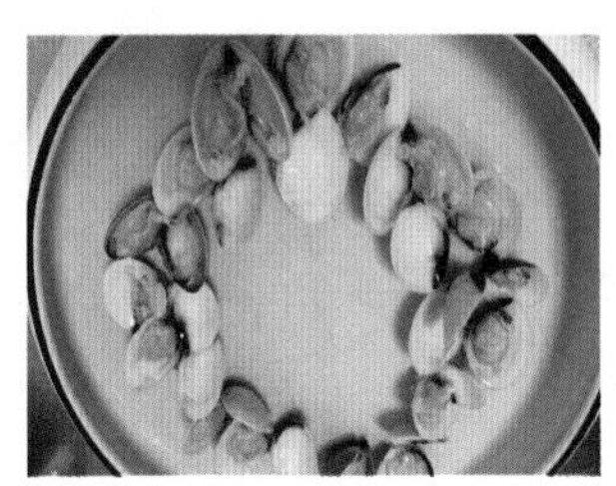

（3）成菜出锅调味：蒸制 12 分钟后，用手拿起碟子倾斜 45° 轻轻抖动，如碟中间的蛋液没有晃动就证明芙蓉蛋已蒸熟，反之则证明没有熟要继续蒸制，待蛋液完全凝固即可出锅。将切好的葱花撒在芙蓉蛋上，花生油烧至 150℃，浇到葱花上激出葱香，倒入生抽调味即可。

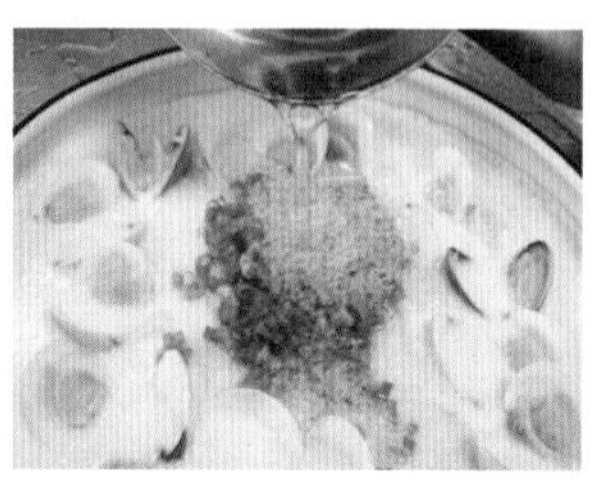

实训报告与知识链接

【成菜特点】

色泽黄亮，口味鲜香，口感滑嫩。

【大师点拨】

1. 打发鸡蛋时加入几滴白醋，可使成品更滑嫩。

2. 文蛤要蒸开口，挑出吐沙不净的或不开口的。

3. 鸡蛋打发时要加入等量 1∶2 的温开水，有助蛋液预成熟，与文蛤同步成熟。

4. 选择蒸蛋器皿时尽量选用浅一点的窝碟蒸制，这样可使芙蓉蛋在蒸制过程中受热均匀，方便快速成熟。

1. 盛器的变化：除了装碟蒸制外，可用贝壳或异型器皿盛装，可提升菜品品质。

2. 食材的变化：可用软糯、蛋白质含量高的猪骨髓、虾仁、蜂蛹、鸡腰子作为蒸蛋的时令配料食材。

任务三　孔雀开屏鱼的制作

【任务情境】

王师傅在一家农家乐掌勺，某天遇到了几位广东客人，要求饭店用本地特产的山鲩鱼（草鱼）做一道既美观又能突出饭店特色的清蒸鱼。王师傅按照要求，着手烹饪了一道刚创新推广的“孔雀开屏鱼”。上桌品尝后，客人赞赏有加，给了肉嫩味鲜、造型美观且风味独特的好评。

【任务目标】

知识目标：能简述草鱼的性质特点及营养成分。

技能目标：1. 掌握清蒸鱼的烹饪技法与操作要求。

2. 掌握清蒸鱼初加工和基本调味的手法与技巧。

3. 能够根据菜品要求准确把控清蒸鱼的温度与时间。

情感目标：1. 通过总结蒸制菜品的特点及作用，培养学生探索厨艺的兴趣。

2. 通过菜品实际制作，培养学生的专业综合素养。

【任务实施】

1. 制作原料：

主料：草鱼一条（2~2.5 斤）

配料：姜 30 克、香葱 40 克、红椒 30 克、小米椒 2 只

调料：胡椒粉 3 克、蒸鱼豉油 30 克、料酒 20 克

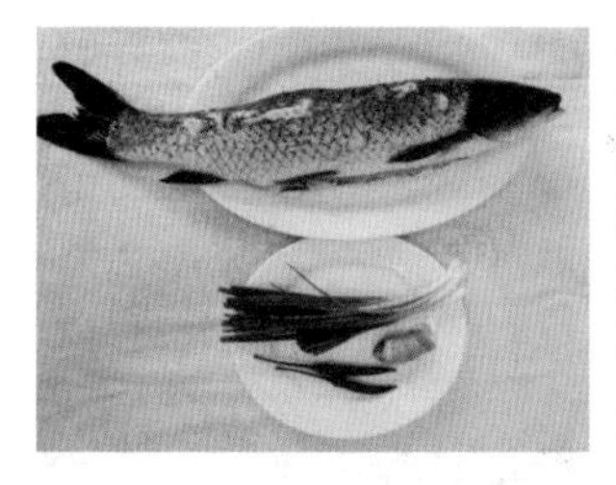

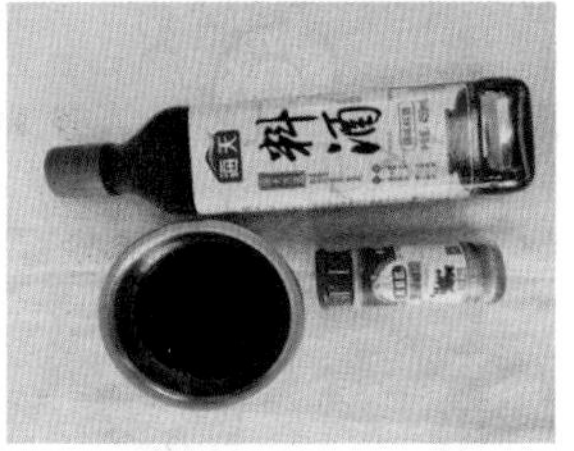

2. 制作过程：

（1）初加工：将草鱼宰杀，去鳞剖肚，摘除内脏洗净，配料清洗干净待用。

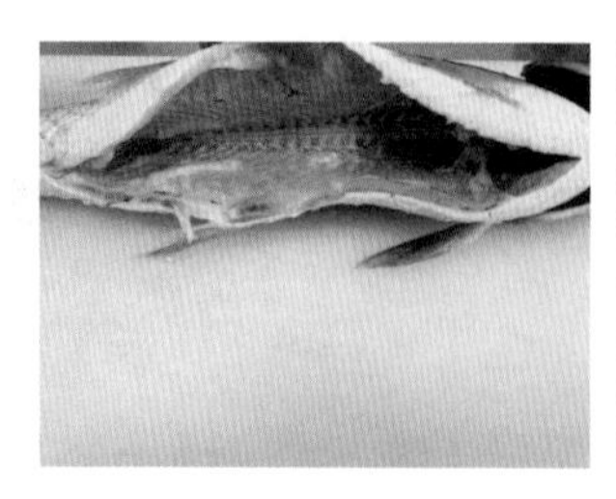 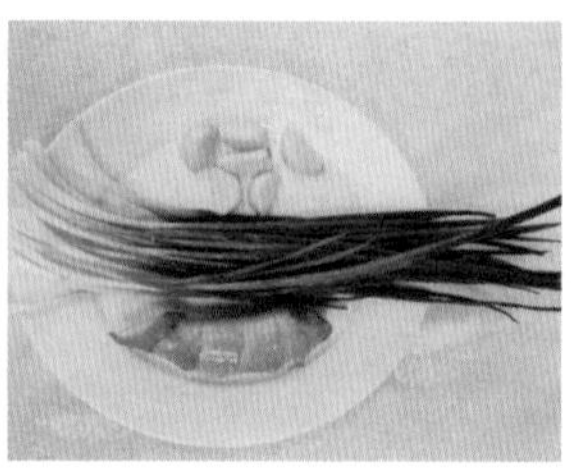

（2）切配：将鱼头、鱼尾砍出，鱼头破开待用，用刀由背部垂直拉切鱼肉至腹部，不能切断鱼腹肌肉，间隔1~1.5厘米连刀拉切，使其成为15~20片的连刀肉块。将香葱、姜、红椒切丝，小米椒切圈待用。

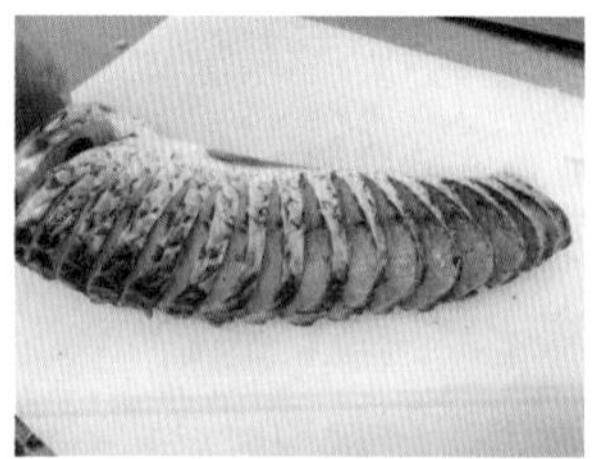 

（3）腌制：将经过刀工处理后的鱼肉放入水中进行冲洗，把血污等冲洗干净，沥干水分，放入盆中，加入姜、葱、料酒腌制去腥。

（4）装盘蒸制：将鱼块顺一个方向沿碟边整齐码放，鱼背朝外，鱼腹往里，使整条鱼肉平整地码放在碟上，再摆鱼头、鱼尾，上蒸锅蒸制8分钟即可。

（5）成菜出品：将鱼取出，撒上姜丝、葱丝、红椒丝，用小米椒圈点缀在鱼片上，使其成孔雀尾羽上的图案。将花生油烧热至180~200℃，浇淋到姜丝、葱丝上激出姜葱香，把蒸鱼豉油沿碟边淋入即可出品。

实训报告与知识链接

【成菜特点】

造型美观，肉白鲜嫩，口感滑爽。

【大师点拨】

1. 原料食材要选用在江河湖海水质无污染环境生长的鱼类最宜；毛重 1.6~2.5 斤是最适合做清蒸鱼的重量。

2. 孔雀开屏鱼原料改刀时要小心，不能断料，厚薄要均匀。

3. 鱼头要破开，这样才能使菜品同步成熟。

【创意引导】

造型的变化：可以通过加入火腿片、香菇片、冬笋片来制作“麒麟鱼”，也可根据不同鱼类的品质，将鱼切片拼摆成扇形、“一条龙”等形状，制作出品相各异的清蒸鱼造型，体现中国博大精深而又不断发展的烹饪技艺。

珍珠丸子的制作

任务四　豉汁蒸排骨的制作

今年夏天天气比往年要闷热得多。小张的爷爷已经七十多岁了，遇上这样的天气食欲很差，不思茶饭，身体也出现了一些不良状况，一家人也跟着着急上火。刚从烹饪学校放假回家的小张见到这种情况，联想到在学校学到的知识，根据季节和爷爷的状态，给爷爷制订了一套食疗菜单。其中一道“豉汁蒸排骨”口感软嫩、口味鲜香、清淡爽口。一做出来全家人食欲大增，爷爷品尝了后，就着排骨的酱汁连吃了两碗米饭。

【任务目标】

知识目标：1. 能说出豉汁蒸排骨原料的性质特点与食材产地相关信息。
　　　　　2. 能根据菜品要求掌握选料方法。
技能目标：1. 掌握豉汁蒸排骨的烹饪技法与操作流程。
　　　　　2. 掌握菜品初加工和基本调味手法与技巧。
情感目标：1. 培养学生探索传统厨技领域的兴趣。
　　　　　2. 培养学生团队团结合作与食材处理能力。

【任务实施】

1. 制作原料：

主料：猪前排 500 克

配料：阳江豆豉 20 克、蒜米 10 克、香葱 20 克、红椒 1 克、陈皮 10 克、姜 10 克

调料：白糖 5 克、盐 8 克、生抽 10 克、胡椒粉 15 克、蚝油 10 克、淀粉 10 克、麻油 10 克、料酒 20 克、鸡精 5 克

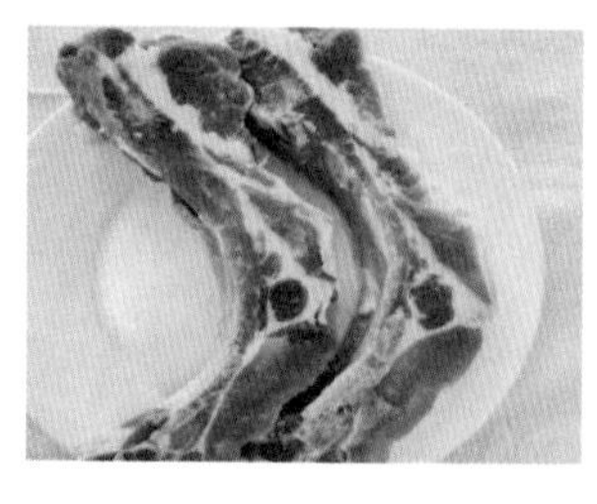

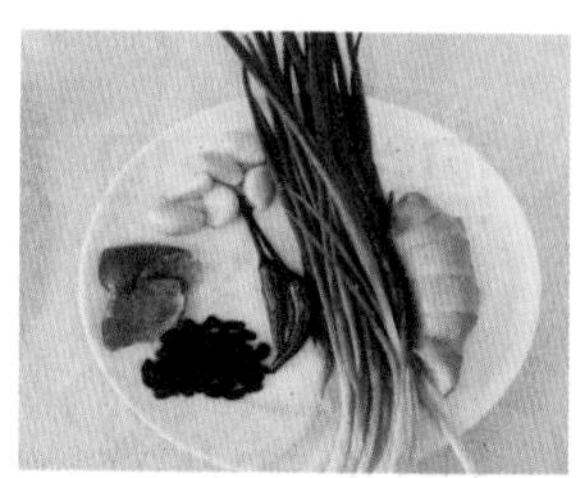

2. 制作过程：

（1）初加工：将猪前排砍成 3 厘米长的块，放入盆中用长流水（或者放入盘中换水几次）反复搓去血水，至肉质洁白。将阳江豆豉用水浸泡，去除表面污物，清洗干净、

捞出，沥干水分待用。

（2）切配：将猪前排改刀漂水后捞出沥干。将阳江豆豉入锅用油炒香后剁成小粒，蒜米剁成蓉，陈皮泡水去囊肉后切小粒，红椒切粒，姜切成小粒，香葱切成葱花待用。

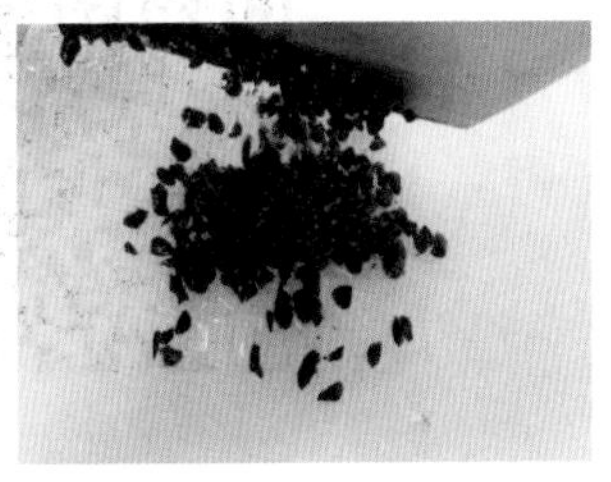 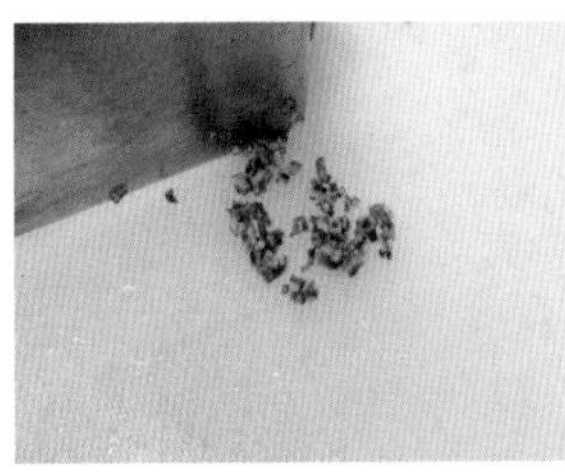 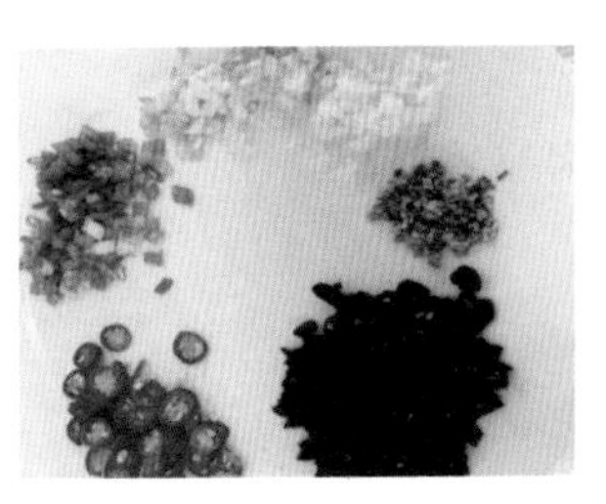

（3）腌制：将洗净沥干的排骨块放入盘中，加入盐、鸡精、白糖、胡椒粉、淀粉、蚝油、麻油拌匀，然后再加入豆豉、蒜蓉、姜粒到排骨里再次拌匀，静置腌制30分钟以上。

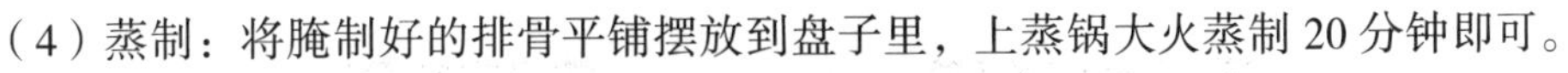

（4）蒸制：将腌制好的排骨平铺摆放到盘子里，上蒸锅大火蒸制20分钟即可。

（5）装盘出品：蒸20分钟后，关火出锅取出排骨，撒上香葱、红椒粒，浇上少许热油即可出品。

【成菜特点】

实训报告与知识链接

肉质软嫩，豉香味浓。

【大师点拨】

1. 主料选用猪前排，骨小肉嫩、肥瘦相间。
2. 肋排要切小一点，便于腌制入味。
3. 用筷子检测排骨成熟度：可轻易戳开且骨肉分离即为成熟，久蒸肉质太老，口感不佳。

【创意引导】

食材的变化：冬季可利用广西特色的荔浦芋头蒸肉排，夏季可利用腌制的酸梅蒸肉排，这些都是应季的食材。豉汁加入陈皮粒后（特别是广东新会老陈皮）也适合用来蒸鱼，如“豉汁蒸白鳝”就是比较经典的菜品之一。

横县头菜蒸肉饼的制作

土鱿鲍菇蒸滑鸡的制作

任务五　剁椒蒸鱼头的制作

【任务情境】

广西横县是中国的花茶之都，每年都有很多外地的茶商会聚到横县采购花茶。今年湖南商会的茶商们要在国庆节召开一个联谊会，在某酒店订上了联谊晚宴，要求酒店设计烹制一桌既有横县特色又有湖南风味的宴席。酒店厨师经过商讨，利用横县鱼生的厨余鱼头并结合湘潭菜的手法，给客人做了一道一鱼多吃的融合菜。客人吃完了清淡的鱼生片，再食用口味厚重的家乡菜剁椒蒸鱼头，口味层次突出，菜品融合完美。客人们餐后对酒店的服务水平和技术能力高度认可，和酒店达成长期合作的共识。

【任务目标】

实训报告与知识链接

知识目标：掌握剁椒蒸鱼头食材的性质特点与产地相关信息。

技能目标：1. 掌握剁椒蒸鱼头的烹饪技法与操作流程。

2. 掌握菜品初加工和基本调味的手法与技巧。

情感目标：1. 培养学生探索创新与传承相衔接的兴趣。

2. 培养学生树立爱岗敬业的职业意识、安全卫生意识和行为规范意识。

【任务实施】

1. 制作原料：

主料：胖头鱼头 1 个（约 1000 克）

配料：长寿面 1 饼、红灯笼椒 1 个、红泡椒 100 克、剁椒 100 克、葱 20 克、姜 20 克、蒜米 50 克

调料：盐 5 克、料酒 30 克、白糖 10 克、鸡精 20 克、胡椒粉 5 克、蚝油 20 克、生抽 5 克、生粉 10 克、豆豉 5 克

2. 制作过程：

（1）初加工：将鱼头去鳞片、去腮，清洗干净，姜、葱洗净。

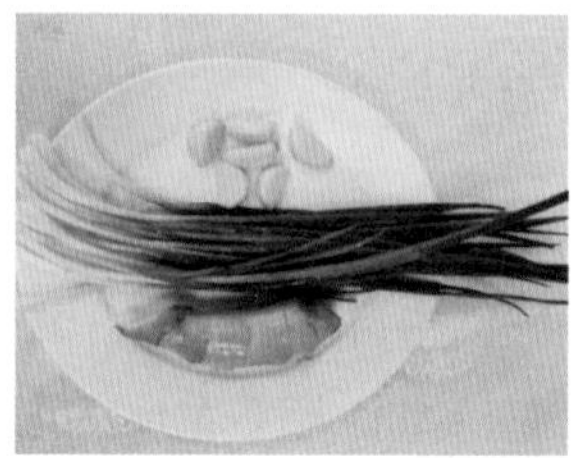

（2）切配：面饼用开水泡开过凉待用，红椒切成“日”字焯水，鱼头从头背部中线破开，用姜、葱、料酒腌制待用。

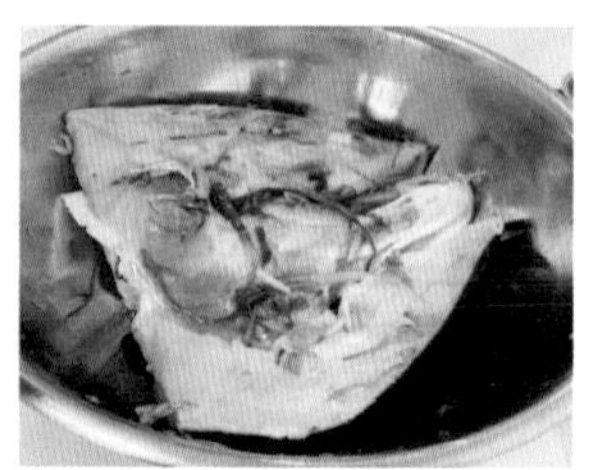

（3）剁椒酱制作：将泡椒、剁椒、蒜米、豆豉分别改刀剁碎，姜、葱切末一起放入锅中，淋入热油（八成热），用三味、蚝油、生抽、白糖、生粉调制成剁椒酱。

（4）装盘蒸制：将长寿面卷好，垫于碟底待用。鱼头另装碟，均匀地铺上一层剁椒，将蒸锅里的水烧开，大火蒸鱼头 12 ~ 15 分钟取出，再把蒸好的鱼头顺倒在有长寿面的碟子上。

（5）成菜出品：将长寿面和鱼头一起蒸制 15 分钟后（视鱼头大小而增减时间），开锅摆上焯过水的红椒点缀，撒上葱花、淋上热葱油即可。

【成菜特点】

色泽红亮，口味浓厚，肉质细嫩，肥而不腻，口感软糯，鲜辣适口。

【大师点拨】

1. 腌制鱼头时可用量多一点的白酒清洗一遍，可有效去除鱼头的腥味和黏液。
2. 剁椒可用热油爆香后再铺到鱼头上，成菜的鲜香味会更浓重。

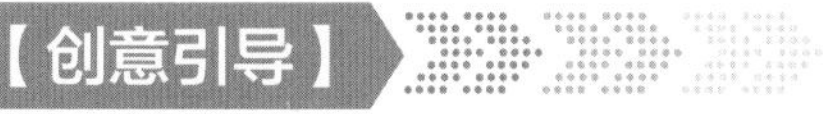

【创意引导】

1. 食材的变化：剁椒是湘菜很著名的调料，不但可以蒸鱼头时使用，也可以在蒸鱼肉、芋头等食材时使用。

2. 口味的变化：鱼头营养丰富，考虑到部分人不吃辣椒，也可通过一半使用清蒸、一半使用剁椒蒸的手法将鱼头做成“鸳鸯鱼头”“双味鱼”等菜品，以满足食客的不同需求。

任务六 蒜蓉粉丝蒸开边虾的制作

【任务情境】

烹校的同学毕业几年了，今年刚好是五周年，经班长提议定于9月30号大家回母校举办一次同学聚会。聚会期间有一个活动晚餐，要求每个同学都做一道拿手菜来共享、交流、学习。来自广西北海的小朋经过思考，决定利用本地盛产的大明虾做一道“蒜蓉粉丝蒸开边虾”。菜品上桌立刻引来了同学们惊讶的目光，只见成菜晶莹嫩白、蒜香浓郁，同学们品尝后，对小朋做出的这道由滑爽Q弹的粉丝和脆嫩虾肉组合而成的蒜香味菜品给出一致点赞。

【任务目标】

知识目标：掌握虾类食材的性质特点及鉴选知识。

技能目标：1. 掌握蒜蓉粉丝蒸开边虾的烹饪技法与操作要求。

2. 掌握蒜蓉粉丝蒸开边虾初加工和基本调味的手法与技巧。

3. 能够准确掌控蒜蓉粉丝蒸开边虾蒸制的时间与温度。

情感目标：1. 培养学生对厨艺新领域的兴趣，拓展学生的专业视野。

2. 培养学生爱岗敬业和德技双修的良好职业素养。

【任务实施】

1. 制作原料：

主料：大明虾500克

配料：龙口粉丝50克、蒜米50克、香葱20克、小米椒2个

调料：盐3克、料酒10克、料酒15克、白糖5克、花生油20克、鸡精3克、胡椒粉3克

2. 制作过程：

（1）初加工：将大明虾的须和枪剪去，将虾从头部切至虾尾，用刀在虾身轻剁几刀（可防止蒸制时虾身变形），再用水将虾线清洗干净，沥干水分待用。将龙口粉丝用清水浸泡回软备用。

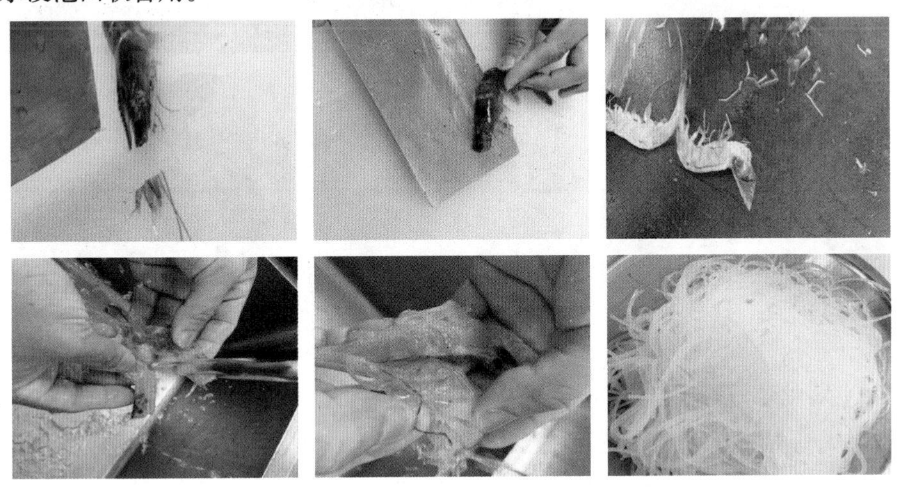

（2）切配：把蒜米剁成蒜蓉，放到密篱中用水冲洗去掉蒜蓉里的黏液后挤干水分待用。把泡软的粉丝切成10厘米的段，用适量盐抓匀腌制底味待用。将香葱切成葱花，小米椒切粒待用。

（3）腌制：将处理过的虾撒上盐和料酒腌制10分钟。将一半蒜蓉放入油锅，小火炸至微黄后倒入另一半的蒜蓉中，然后加入盐、蚝油、鸡精、胡椒粉调味后待用。

（4）装盘蒸制：将粉丝均匀铺在腰碟底，把腌制好的虾两头向外对开整齐地码放在粉丝上（这样粉丝可充分吸收虾沥出的汁液）。将调味好的蒜蓉均匀地铺在每个虾肉上面。水烧开，上蒸锅大火蒸制 3 ~ 5 分钟（观察到虾壳变红即可关火）。

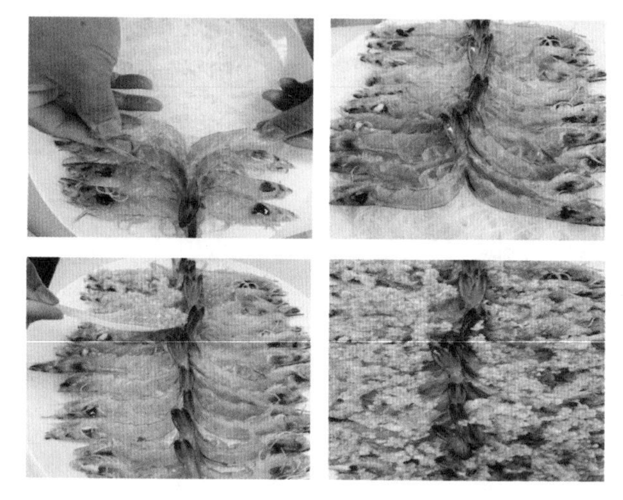

（5）成菜出品：关火取出虾碟，撒上葱花、小米椒粒，将花生油烧至150℃浇上即可。

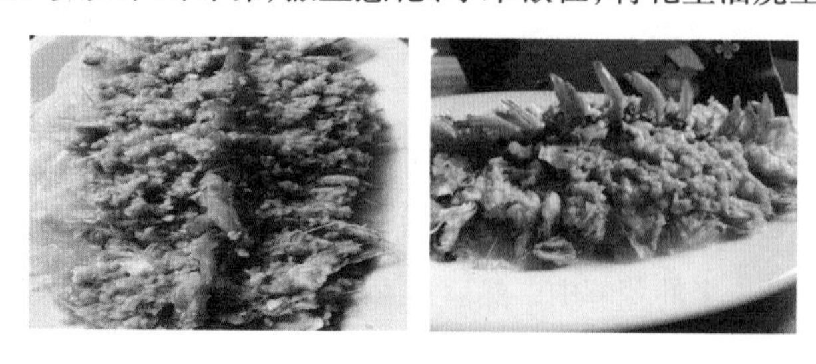

【成菜特点】

实训报告与知识链接

造型美观，粉丝滑爽 Q 弹，虾肉紧致脆嫩且蒜香浓郁。

1. 将虾身片开后在虾肉上轻剁几刀断掉筋络，可防止虾在蒸制时变形。
2. 蒸制时间把控要准，时间过久虾肉会老。

1. 食材的变化：可以将芝士铺在虾肉上，撒上洋葱碎做成“芝士蒸焗开边虾”，做成中式做法西式风味的融合菜式。

2. 盛器的变化：一般蒸制菜品的盛装方式为腰碟，也可选用传统的簸箕与蒜蓉烤生蚝一起上桌，稍加点缀更显菜品琳琅满目，现做现上，热气腾腾，更具气氛。

任务七　蒸的烹饪技法基本功任务考核

有一天，粤顺餐厅迎来了一位海归学者，他是土生土长的广西人。年青的时候为了生活通过学习进修去美国打工，一走就是十多年。这次回到南宁他想寻找儿时的味道，特别想吃豉汁蒸排骨、头菜蒸肉饼等原汁原味的广西蒸制菜式。他通过朋友了解到有一家粤顺餐厅，近些年一直努力地去传承广西地方传统菜品，其蒸制菜品特别有特色。

粤顺餐厅的主厨是职校烹饪专业毕业 10 年的李师傅。李师傅是从农村走出来的，家庭条件不是很好，在学校读书的时候比其他同学努力，非常勤奋刻苦，学习主动。他的专业基本功非常扎实，毕业以后工作很快就能上手，得到大师傅的欣赏。在短短不到 3 年的时间大师傅就安排他上锅操作菜品。李师傅接到点单以后按照豉汁蒸排骨的用料配好料。

请你根据豉汁蒸排骨的制作工艺，完成这道菜品的制作并完成下表。

<table>
<tr><td>菜品名称</td><td></td><td>完成日期</td><td></td><td>表格填写人</td><td></td></tr>
<tr><td>团队成员</td><td colspan="5"></td></tr>
<tr><td>任务描述</td><td colspan="5"></td></tr>
<tr><td>评分要素</td><td colspan="3">评价标准描述</td><td>配分</td><td>自评得分</td></tr>
<tr><td>任务设计</td><td colspan="3"></td><td>10</td><td></td></tr>
<tr><td>任务分工
用时分配</td><td colspan="3"></td><td>20</td><td></td></tr>
<tr><td>菜品选料</td><td colspan="3"></td><td>8</td><td></td></tr>
<tr><td>刀工成形</td><td colspan="3"></td><td>5</td><td></td></tr>
<tr><td>菜品调味</td><td colspan="3"></td><td>10</td><td></td></tr>
<tr><td>脆浆配比
与调制</td><td colspan="3"></td><td>20</td><td></td></tr>
<tr><td>火候
与油温运用</td><td colspan="3"></td><td>10</td><td></td></tr>
<tr><td>成菜特点</td><td colspan="3"></td><td>7</td><td></td></tr>
<tr><td>卫生习惯</td><td colspan="3"></td><td>10</td><td></td></tr>
<tr><td>职业素养评价</td><td></td><td>教师评分</td><td></td><td>自评总分</td><td></td></tr>
</table>

单元四　烹饪技法：煮、氽、炖

任务一　煮、氽、炖的烹饪技法认识

一、煮

煮：煮是指将初步熟处理的半成品或用盐腌制上浆的生料放入锅中，加入多量的汤汁或清水，先用旺火烧开，再改用中火加热，出锅调味成菜的技法。

技术要领：

1. 油水煮：

（1）原料一般为纤维短、质地嫩、异味小的鲜活食材。

（2）原料必须加工切配为符合煮制要求的规格形态，如：丝、片、条、丁等。

（3）成菜时会带有较多的汤汁，是一种半汤菜。

2. 白煮：

（1）选料严格，加工精细。

（2）白煮的水质要净。

（3）改刀技巧要好。

（4）加热火候适当，热菜是用旺火或中火，加热时间短；冷菜用中小火或微火，加热时间较长。

（5）调料特别讲究，常用的有上等酱油、蒜泥、腌韭菜花、豆腐乳汁、辣椒油等。

二、氽

氽：氽是指将加工好的小型原料放入烧沸的汤水中短时间加热成汤菜的技法。

技术要领：

1. 为使成品质感脆嫩，要用旺火使原料快速加热成熟。

2. 重视菜形美观，把握好原料下锅水温的四种情况：

（1）滚开沸水，水温 100℃。

（2）沸而不腾的热水，水温在 90℃左右。

（3）微烫温水，水温在 50℃ ~60℃。

（4）温凉水，水温在 50℃以下。

注：要根据原料的性质、质地，掌握好水温和原料投入时间以及加热时间。

3. 氽制菜品讲究鲜醇爽口，汤水一般使用清澈如水、滋味鲜美的清汤；也可以用白汤，但浓度要稀一些，不上浆，不勾芡。

4. 调料用葱、姜、料酒、盐、鸡精等，不用深色的调味品。

5. 成品质地脆嫩，口味鲜美，色泽鲜艳，形状饱满。

三、炖

炖：炖是指将食物原料加入汤水及调味品，先用旺火烧沸，然后转成中小火，长时间烧煮的技法，属火功菜技法。炖法分为：隔水炖和不隔水炖。

技术要领：

1. 选用畜禽肉类等主料，加工成大块或整块，不宜切小切细，但可制成蓉泥后制成丸子状。

2. 肉类必须焯水，清除血污浮沫和异味。

3. 炖制时要一次加足水量，中途不宜掀盖加水。

4. 炖制时只加清水和调料，不加盐和带色调料，成熟后再进行调味。

5. 用小火长时间密封加热 1~3 个小时，到原料酥软为止。代表菜：清炖蟹粉狮子头。

瓜青烩三鲜的制作

三酸捞柠檬鸭的制作

任务二　珍菌氽肉丸的制作

【任务情境】

饭店老板买回了一些生态土猪肉用于接待食客，用去了大部分，只剩下了一些前后腿肉，老板想用剩余的猪肉作为他的家宴菜品的原料，普通的前后腿肉又如何华丽转身成宴席菜呢？店里大厨想起了山东名菜“氽肉丸子”，于是做了一道“珍菌氽肉丸”，丸子松嫩，汤味鲜香，得到了老板的好评。

实训报告与知识链接

【任务目标】

知识目标：能说出烹饪技法——氽的特点及选料要求。

技能目标：1. 能够掌握氽丸子肉馅制作要领。

　　　　　2. 能够掌握氽的烹饪要领及技术要求。

情感目标：培养学生对不同烹饪技法的探索精神。

【任务实施】

1. 制作原料：

主料：猪前腿肉 300 克

配料：茶树菇 100 克、鸡腿菇 100 克、鸡蛋清 1 个、葱 10 克、姜 10 克、香菜 15 克

调料：盐 5 克、鸡精 5 克、胡椒粉 1 克、生粉 20 克、香油 3 克、黄酒 10 克

2. 制作过程：

（1）初加工：将猪肉、茶树菇、鸡腿菇、姜、葱、香菜洗净待用。

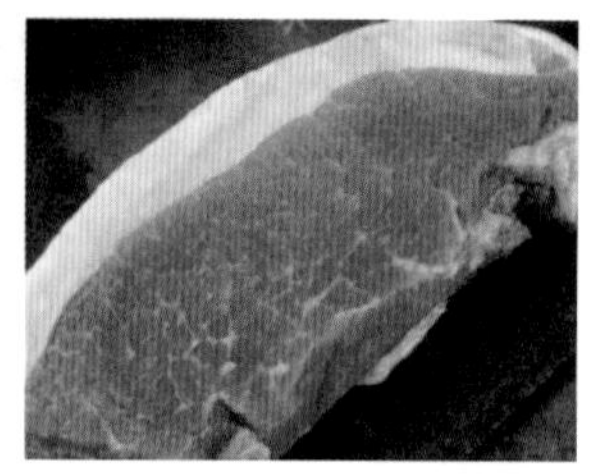

（2）肉馅制作：将猪肉剁成肉泥，加入三味、葱姜末、鸡蛋清、生粉，用筷子或手顺一个方向打上劲，待馅摔打到盘中发出“噗”声时即可，放入冰箱中保鲜待用。

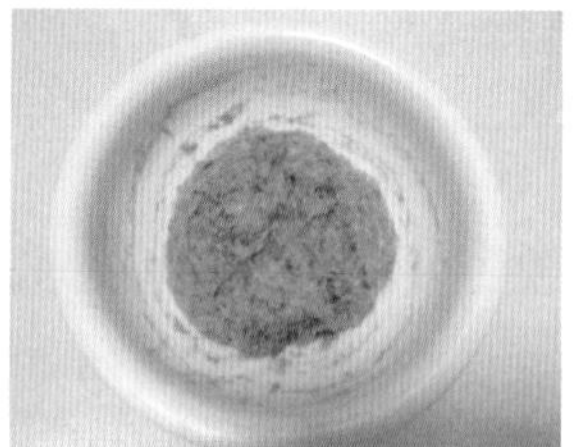

（3）改刀：将粗条的茶树菇撕开，鸡腿菇、姜切片，葱、香菜切段。

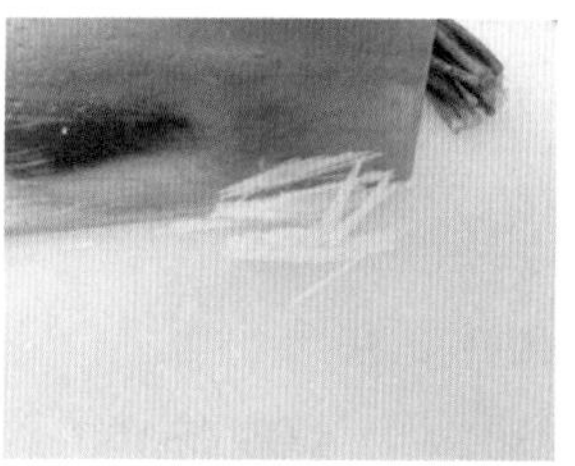

（4）氽丸子：锅中放水烧至 70~80℃，将肉馅挤成如枣大小的丸子放入锅中，同时用旺火烧开后转小火浸制，待丸子浮起后断生即可捞出。

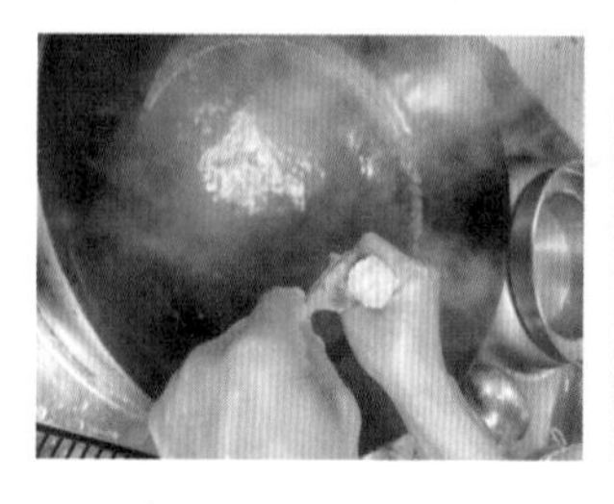

（5）调味出品：另起锅，将姜葱爆香，烹入黄酒，加入氽丸子的汤烧开，用盐、鸡精、胡椒粉调味，放入茶树菇、鸡腿菇煮熟，加入肉丸子，滴上香油，撒上香菜即可。

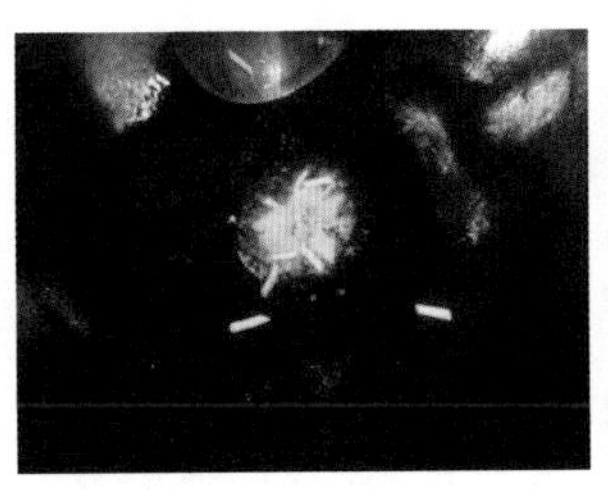 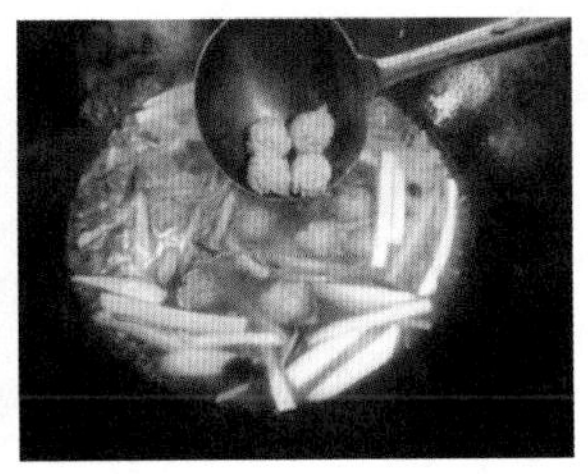 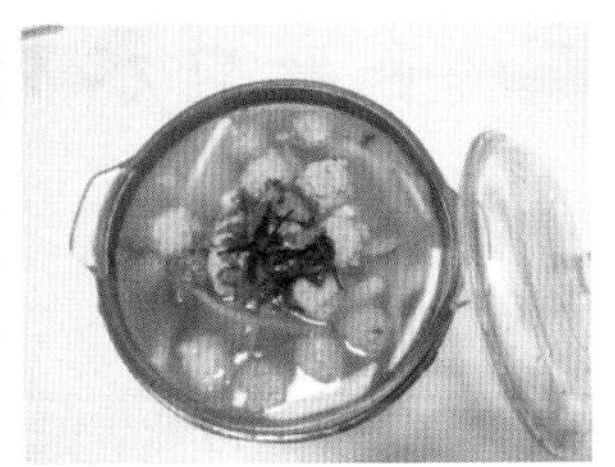

【成菜特点】

口感爽滑，汤味鲜香，营养丰富。

【大师点拨】

1. 猪肉肉馅肥瘦比例要适当（肥四瘦六），肉要剁得细腻均匀。

2. 将肉馅加水、生粉、盐和鸡蛋清之后，顺着一个方向搅拌，破坏蛋白质原有空间结构，这样丸子成品才会细嫩、饱满、滑爽、不散。

3. 在搅拌肉馅前将肉馅放入冰箱中冷藏一段时间，这样搅拌肉馅时会更加好上劲。

4. 主料配料可以根据季节不同选用不同的食材。

5. 在搅拌肉馅时可以视情况加入适量的水，这样丸子成品会更加细嫩、滑爽。

6. 汆丸子时，要掌握好火候，避免大火久煮致丸子变老，影响口感。

【创意引导】

1. 食材的变化：制作丸子的肉类原料多种多样，除了常见的禽畜类食材外，还可以换成河鲜、海鲜等新鲜食材，制作如墨鱼丸、虾丸、河鱼丸等。

2. 口味的变化：汆丸子的汤可以调成酸辣味型，可将贵州酸汤鱼的酸辣汤变化成酸汤汆丸子。

3. 盛器的变化：汆丸子传统的盛器为海碗或者汤古，也可选用烧热的石锅或酒精银锅，上桌时汤汁翻腾，热气腾腾，更具气氛。

任务三　香麻口水鸡的制作

【任务情境】

餐厅来了一位远方的客人，舟车劳顿，虽然长时间没吃东西了，但又没什么食欲。经理让张大厨想想办法，不能让客人饿坏身体。张大厨制作了一道四川传统菜“香麻口水鸡”，客人尝了以后，大加赞赏。这道菜鸡肉爽滑脆口，味道鲜香麻辣，让人胃口大开。

【任务目标】

实训报告与知识链接

知识目标：了解传统川菜味型的制作要求。

技能目标：1. 能够掌握香麻口水鸡的制作技巧。

2. 能够掌握调味的不同技术要领。

3. 能够掌握烹饪技法的火候控制及技术细节。

情感目标：1. 通过实践活动增强学生间的团队合作精神。

2. 让学生树立“天生我才必有用”的信念，增强成功的信心。

【任务实施】

1. 制作原料：

主料：光土鸡仔 1 只（1.8~2 斤）

配料：姜 40 克、葱 30 克、蒜 30 克、芝麻 10 克、花生仁 25 克

调料：海椒粉 20 克、酱油 10 克、盐 3 克、白砂糖 5 克、保宁醋 10 克、鸡精 5 克、花生酱 30 克、花椒油 5 克、红油 20 克、料酒 20 克

2. 制作过程：

（1）初加工：洗净土鸡内外，确保无内脏残留。姜、葱、蒜洗净去表皮。

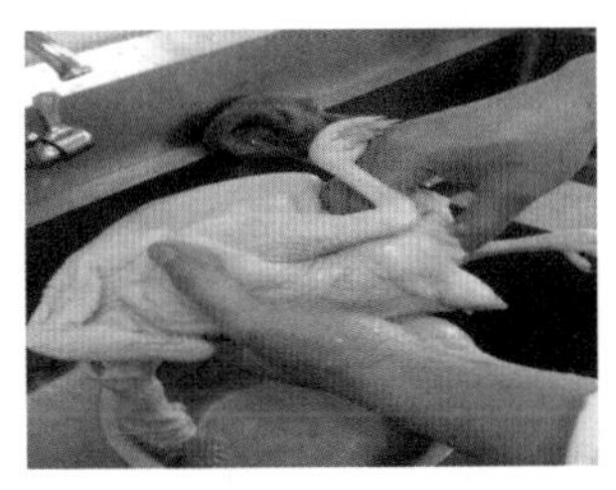

（2）泡鸡：洗净锅，烧开水放入姜、葱、料酒。光鸡沥干水分，放入锅中浸熟，取出晾凉待用。

（3）调制口水汁：姜、葱、蒜剁蓉，放入调味盆中加入海椒粉，用50克热油淋香，再加入酱油、盐、白砂糖、保宁醋、鸡精、花生酱、花椒油、红油，调制成口水汁。

（4）成菜：把浸熟的土鸡砍件，大小均匀、整齐地摆放在凹碟中，接着把调好的口水汁均匀淋在鸡肉上，再把芝麻、花生仁撒在上面，放葱花或香菜点缀即可。

【成菜特点】

口水鸡是中国四川传统特色菜品，属于川菜系中的冷菜，佐料丰富，集麻、辣、鲜、香、嫩于一体。

【大师点拨】

1. 浸制鸡肉时要控制水温在90℃以上、100℃以下，出锅以后放入冰水中过凉，这样鸡肉口感会更鲜嫩爽滑。

2. 花生酱可先用温热汤水调稀，再进行调汁，以免与其他原料、调料混合不均匀，影响调味效果。

【创意引导】

1. 食材的变化：这道菜中的主料鸡肉可以换成猪五花肉、牛肉、羊肉、猪耳朵、牛肚、牛心、鸭肾等食材，这些都可以做成口水味型的凉拌菜品。

2. 口味的变化：这道菜如果不用口水汁，而用姜葱汁搭配，就可以制作成粤菜的经典菜品“白切鸡”，如果用卤水泡制又是另一番风味。

3. 造型的变化：这是一道冷菜，所以在摆盘造型时我们可使用一些干冰来进行衬托，会使菜品更具有气氛感，更显高档。

任务四 金针牛肉羹的制作

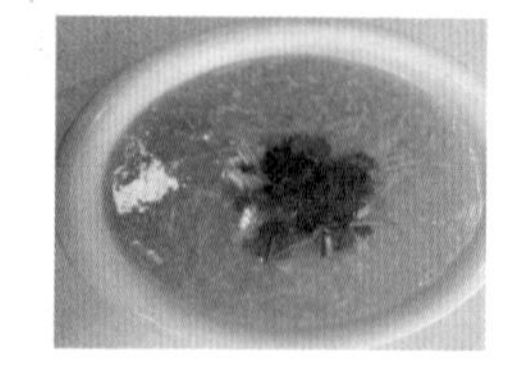

【任务情境】

小张是一个旅游和美食爱好者，今日到杭州西湖旅游欣赏到了西湖的美景。小张在陶醉中肚子饿了，于是她沿着西湖岸边走，看见了一家饭馆。进去后老板推荐了一道当地的名菜“金针牛肉羹”给小张，老板的推荐对于她这个美食追求爱好者来说具有很强的诱惑，于是小张就点了此菜。当菜端出来时，小张迫不及待地尝了几口，果然不失所望，味道鲜美、顺滑开胃。

【任务目标】

知识目标：能说出牛肉汤羹的调制方法。

技能目标：1. 掌握本菜牛肉末的腌制方法。

2. 掌握制羹的操作要领和技巧。

情感目标：1. 培养学生对不同烹饪技法的探索与学习的兴趣。

2. 提高学生对汤羹菜做法、原料融合的创新能力。

【任务实施】

1. 制作原料：

主料：牛肉 100 克、金针菇 200 克、鸡蛋 1 个

配料：香菜 2 根、香葱 30 克、生姜 15 克、红菜椒 10 克

调料：盐 5 克、鸡精 3 克、胡椒粉 3 克、玉米淀粉 50 克、高汤 1500 克

2. 制作过程：

（1）初加工：洗净主配料，牛肉剁碎成末状，尽量剁地细碎一些。肉剁碎后用基本味抓匀腌制后再使用。金针菇去蒂切碎，香菜、香葱切碎，生姜切片，红菜椒切丝。玉米淀粉加水调成水淀粉。鸡蛋分开蛋黄蛋清，只取蛋清备用。锅内烧开一锅水，取一汤匙开水放入牛肉末碗内，将牛肉末化开打散，用漏匙将牛肉末沥干血水备用。

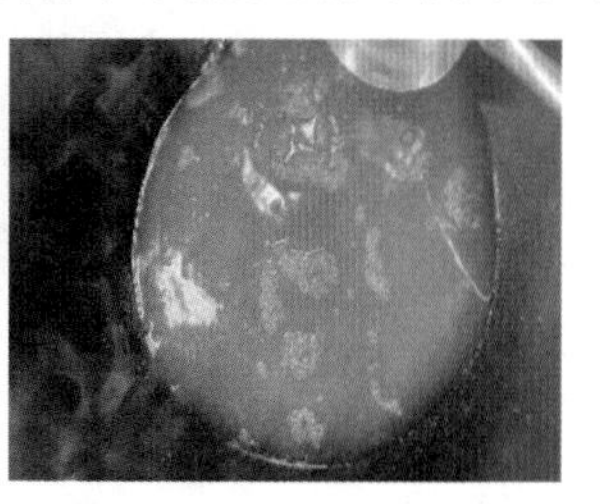

（2）初加热：将金针菇、姜片放入沸水中焯水，加入沥净血水的牛肉末煮开。

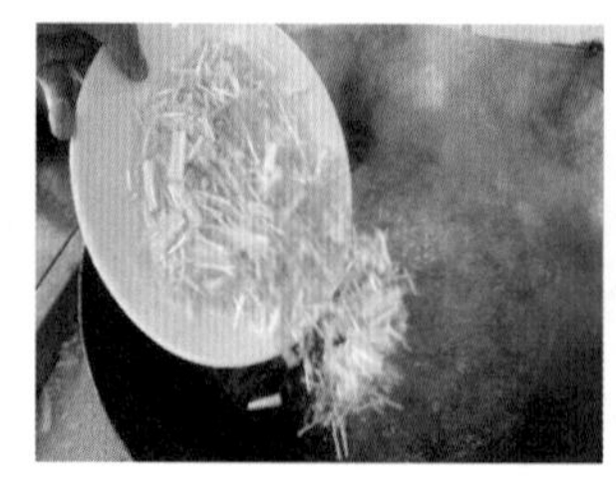
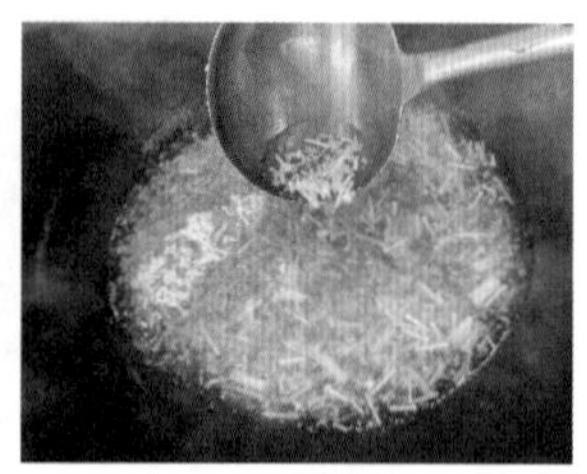

（3）勾芡：加入事先调好的水淀粉勾芡，水和生粉的比例是1:1。水淀粉要从锅的中心处慢慢倒入，手勺顺时针搅动汤汁，煮至汤变浓稠。

（4）烹制：夹出姜片，调小火，沿手勺转圈淋入蛋清。熄火加入盐、胡椒粉、鸡精、香菜碎和香葱碎即可。

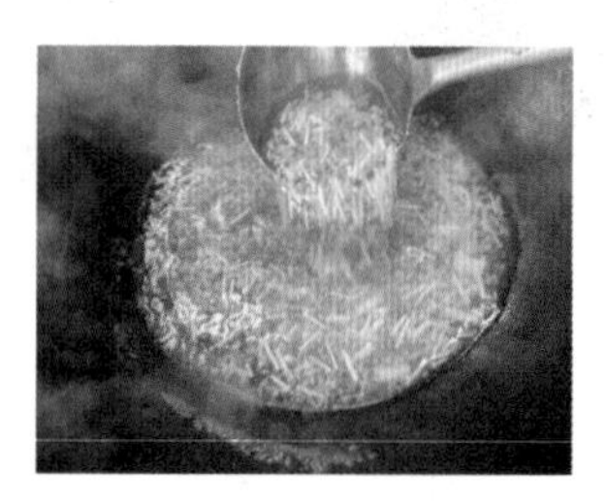

（5）装盘成菜：装盘点缀红菜椒丝即可出品。

实训报告与知识链接

【成菜特点】

味道鲜美，口感丰富，顺滑开胃。

【大师点拨】

1. 剁碎的牛肉末如果直接下锅煮就会结成一坨，煮不散，要事先用开水在碗中烫制，此法不但可以把腌制好的牛肉末搅散，而且可以去掉血腥味。

2. 勾芡时要离火，水淀粉不要一次倒入，最好分两次，把汤汁勾成比米汤略稠的芡。

3. 淋入蛋清的时候，不要全倒下去，要沿着手勺慢慢倒入锅内，保持小火，防止蛋清煮老。

【创意引导】

1. 食材的变化：可将主料牛肉变换成鸡肉、虾仁、墨鱼、鲍鱼等食材，还可添加香菇、木耳、鲜菌等配料食材，丰富菜品品种，改变菜品档次，制作出如“金针鸡肉羹”“金针海鲜羹”等菜品。

2. 盛器的变化：可将汤古盛装换成每人每位上的形式，单个盛装。

任务五 虫草花炖老鸡的制作

【任务情境】

深秋时节，一天店里来了一对夫妇，妻子怀着孕，想吃一道既能饱腹又有营养的菜。

但只有两个人，不知道点什么菜好，就求教大厨侯师傅。侯师傅想到现在是秋冬季节，孕妇更需要进补，可以喝口热汤暖暖身体，吃些鸡肉果腹，就帮客人做了一道“虫草花炖老鸡”，再点两份米饭、一份青菜。客人吃饱又吃好，菜品经济实惠又营养。

【任务目标】

知识目标： 1. 能说出虫草花炖老鸡的食材性质与使用细节要求。

2. 了解健康养生的美食制作方法。

技能目标： 1. 能够掌握炖的烹饪技法的操作要求。

2. 能够掌握炖的火候控制技术细节。

情感目标： 1. 培养学生对不同烹饪技法的探索与学习的兴趣。

2. 提高学生的专业素养。

【任务实施】

1. 制作原料：

主料：乌鸡或老母鸡 1 只

配料：虫草花 50 克、葱段 20 克、姜片 30 克、枸杞 10 克、红枣 5~6 颗

调料：盐 5 克、鸡精 5 克、料酒 10 克

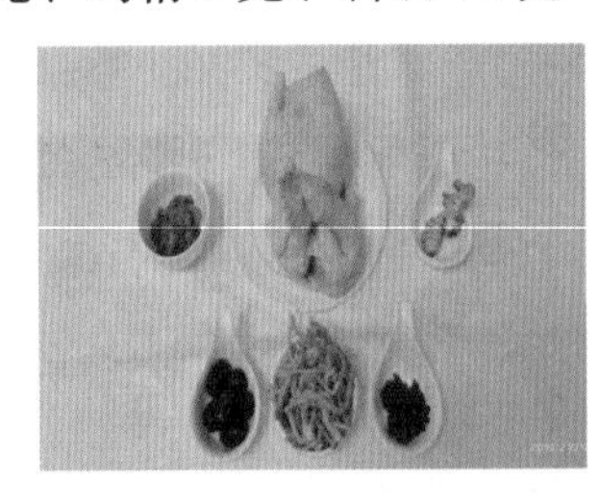

2. 制作过程：

（1）主料初加工：①将鸡清洗干净，特别是鼻子、喉管和肺部要去净。鸡砍去鸡爪，从后背将鸡破开。

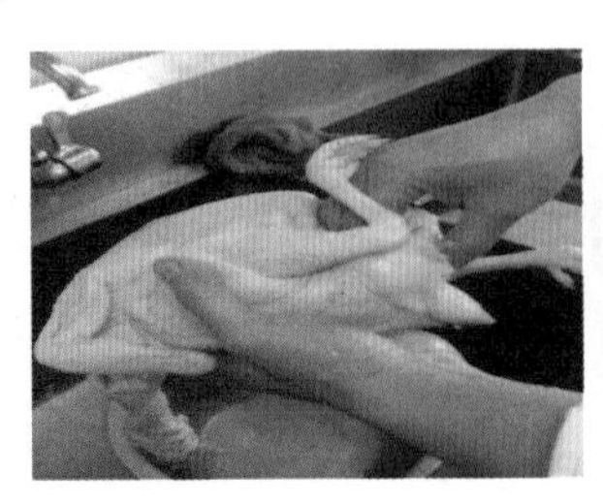

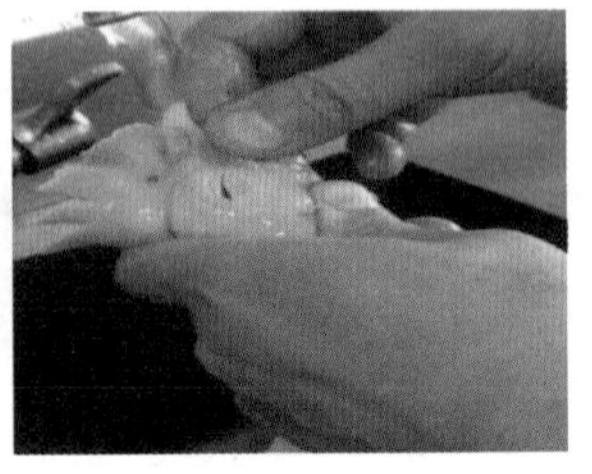

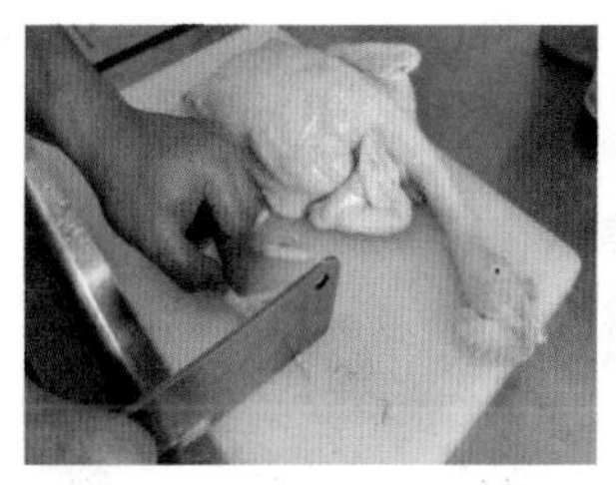 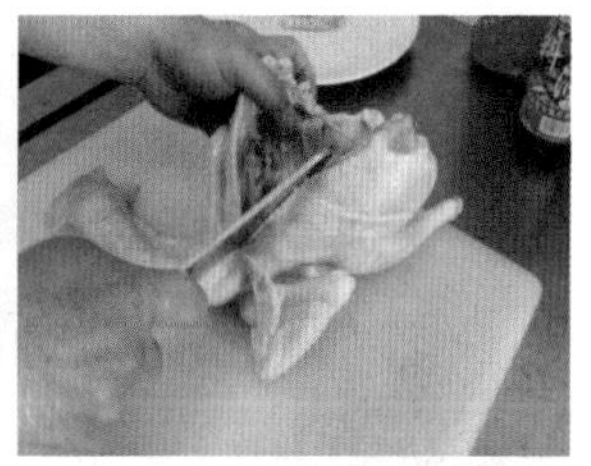

②压平鸡身，敲断鸡腿骨，将鸡腿骨穿在鸡腹部，鸡头弯曲回从鸡胸处穿出。定好鸡身造型。将鸡加姜片、葱段，冷水下锅，小火烧开，去除血污。

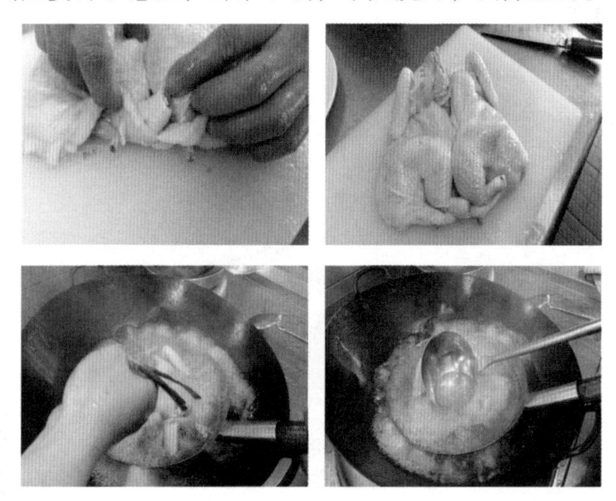

（2）配料初加工：将虫草花、枸杞、红枣泡水洗净泥沙杂质。

（3）预调底汤：烧锅放清水或二汤，调基本味加料酒。加入虫草花、姜片，将开背的鸡放入砂锅中，加入清水（二汤）没过鸡身，撒入枸杞。

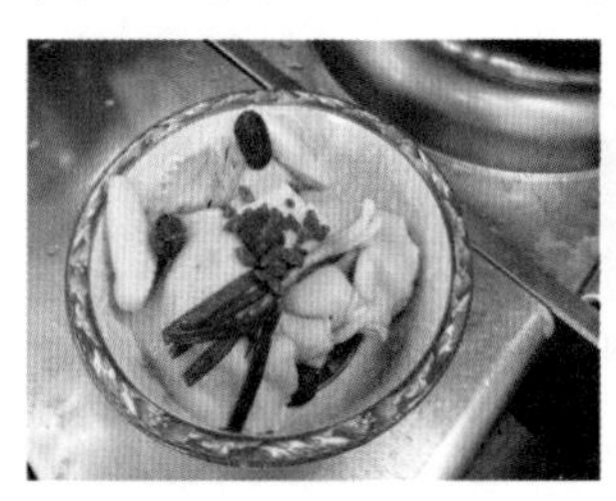 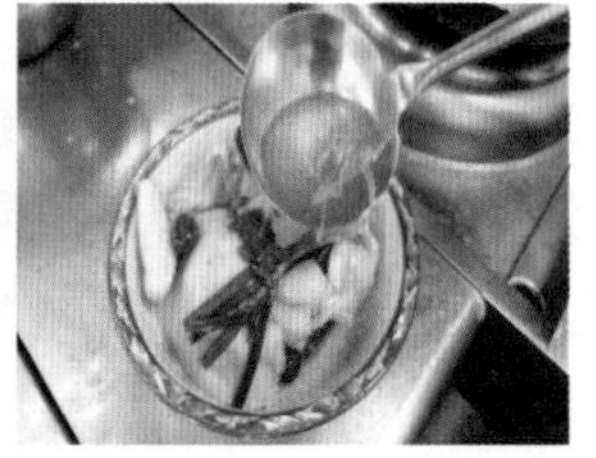

（4）入笼炖：将调好的鸡汤整古放入蒸笼里，隔水炖两个半小时。红枣在起锅前30分钟放入。

（5）出锅成菜。

【成菜特点】

香味浓郁，鸡肉酥烂，营养丰富。

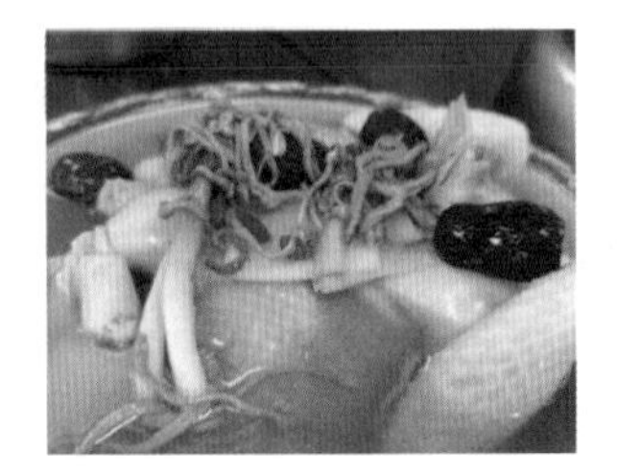

实训报告与知识链接

【大师点拨】

1. 炖鸡选料要选生长一年左右的老鸡为佳。
2. 炖汤时加些瘦肉可使汤味更鲜浓。
3. 红枣炖久了会发酸，影响汤的口感，可比其他原料晚下锅。
4. 炖汤时要注意掌握火候，尽量小火慢炖。
5. 将鸡身固定好形态，有助于保持菜品整体的美观性、统一性。

【创意引导】

1. 食材的变化：可根据客人需求，变化原料食材搭配，制作人参炖乌鸡、虫草花炖乳鸽等各具特色与食疗功能的滋补炖汤菜品。

2. 烹具的变化：利用云南汽锅鸡的专用烹具，在不加水的情况下，利用蒸汽回流制作出原汁原味的浓缩鸡汤，也是博大精深的中华厨艺特色之一。

清汤萝卜煮牛腩的制作

任务六 煮、氽、炖的烹饪技法基本功任务考核

小明，是从桂林全州县一个偏远山村走出来的孩子。他的家乡一年四季气候明显，当地的人民常年以农耕为业，经济发展比较落后。小明通过自己的努力学习走出了山村，在大都市里有了稳定的工作和自己的小家庭。每次回家乡看望家人最让他难忘的就是妈妈做的一桌子好菜（如“紫苏禾花鱼”“醋血鸭”“肉末豇豆”“香葱煮荷包蛋”等）。今天他到酒店用餐也想品尝到家乡的味道。

小杰是这家酒店的桂菜师傅，对于小明今天的到来，该给他制作一款什么样的家乡桂菜呢？请小杰师傅结合本单元所学的烹饪技法，带领自己的桂菜团队完成本次任务，并填写下表。

<table>
<tr><td>菜品名称</td><td></td><td>完成日期</td><td></td><td>表格填写人</td><td></td></tr>
<tr><td>团队成员</td><td colspan="5"></td></tr>
<tr><td>任务描述</td><td colspan="5"></td></tr>
<tr><td>评分要素</td><td colspan="3">评价标准描述</td><td>配分</td><td>自评得分</td></tr>
<tr><td>任务分工
用时分配</td><td colspan="3"></td><td>20</td><td></td></tr>
<tr><td>菜品选料</td><td colspan="3"></td><td>10</td><td></td></tr>
</table>

（续表）

<table>
<tr><td colspan="2">刀工成形</td><td colspan="2"></td><td colspan="2">10</td><td></td></tr>
<tr><td colspan="2">烹制火候</td><td colspan="2"></td><td colspan="2">20</td><td></td></tr>
<tr><td colspan="2">菜品调味</td><td colspan="2"></td><td colspan="2">10</td><td></td></tr>
<tr><td colspan="2">成菜特点</td><td colspan="2"></td><td colspan="2">8</td><td></td></tr>
<tr><td colspan="2">菜品装盘</td><td colspan="2"></td><td colspan="2">7</td><td></td></tr>
<tr><td colspan="2">卫生习惯</td><td colspan="2"></td><td colspan="2">15</td><td></td></tr>
<tr><td>职业素养评价</td><td></td><td>教师评分</td><td></td><td>自评总分</td><td colspan="2"></td></tr>
</table>

单元五　烹饪技法：扒、扣

任务一　扒、扣的烹饪技法认识

本阶段我们将一起努力，学习和掌握好扒与扣的烹饪技法，先来了解一下扒与扣的技术要领。

一、扒

扒制法是将改刀和初步熟处理好的原料放入已调好味的汤汁中，用中小火加热，熟透入味后整齐地叠码成形，淋上芡汁，并保持原形装盘的烹饪技法。

技术要领：

1. 扒制菜品用油不能过多，要做到“用油不见油”。
2. 菜品形状美观，滋味醇厚，浓而不腻。
3. 扒制菜品适合大型宴会菜品和其他预定菜品。
4. 讲究汤汁、火候适当，扒菜要勾芡。
5. 原料多加工成较厚的条、片或直接保持原有整体形状。
6. 原料必须经过热处理，可采用焯水、过油、清蒸等手法。
7. 卤汁的浓稠度、口味应及时调整，芡汁明亮、成品完整。

二、扣

扣制法是将食物经过调味及预加工后，整齐排放在扣碗中再隔水蒸熟或不蒸熟，然后将主料覆扣入盘中，配上配菜和装饰部分，最后再浇上用原汁勾好的琉璃芡的一种烹饪技法。

技术要领：

1. 刀工整齐，造型完整。
2. 色彩搭配突出，芡汁明亮。
3. 火候讲究，入味彻底。

任务二 虾米扒瓜脯的制作

【任务情境】

付老板经营一家广西私房菜馆，遇到三位想要尝尝广西特色菜的老年顾客。但是老人牙口不好，对坚硬的食材咀嚼困难。这时付老板急中生智，用老鸡汤来结合冬瓜做成了一道质地柔软的菜——“虾米扒瓜脯”，客人尝了以后，倍加赞赏。这道菜质地柔软，汁鲜味浓，特色十足。

【任务目标】

知识目标：能说出烹饪技法“扒”的基本要求及特色。

技能目标：1. 能够掌握烹饪技法“扒”的操作要求。

2. 能够掌握本道菜品的火候控制要领。

情感目标：培养学生对不同烹饪技法的学习兴趣。

【任务实施】

1. 制作原料：

主料：青皮大冬瓜 1000 克

配料：金钩虾米 50 克、金华火腿 20 克、西兰花 200 克、姜 20 克、葱 30 克、蒜米 20 克

调料：盐 3 克、料酒 30 克、蚝油 30 克、鸡汤 300 克、生粉 20 克

2. 制作过程：

（1）初加工：虾米洗净泡温水，待泡发后和整块金华火腿一起放入高汤蒸制 15 分钟。姜、葱洗净，冬瓜去皮、去瓤待用。

（2）切配：冬瓜改刀切成长 6 厘米、宽 3 厘米、厚 2 厘米的长方块，用剞刀法在四边打上花刀；姜切指甲片；葱白切 1.5 厘米长的段；火腿切长 3 厘米、宽 1.2 厘米、厚 2 毫米的长方形薄片待用。

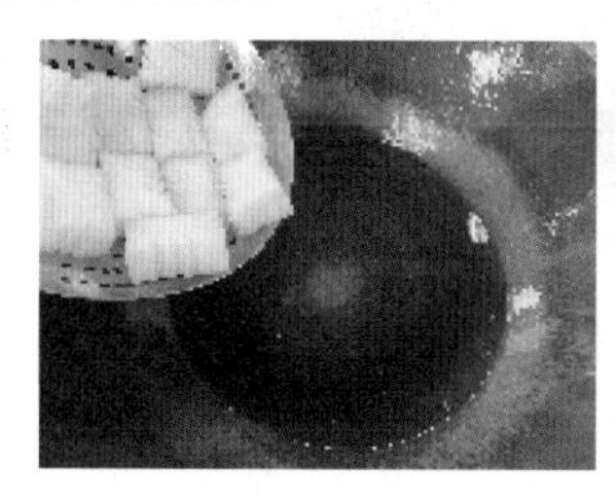
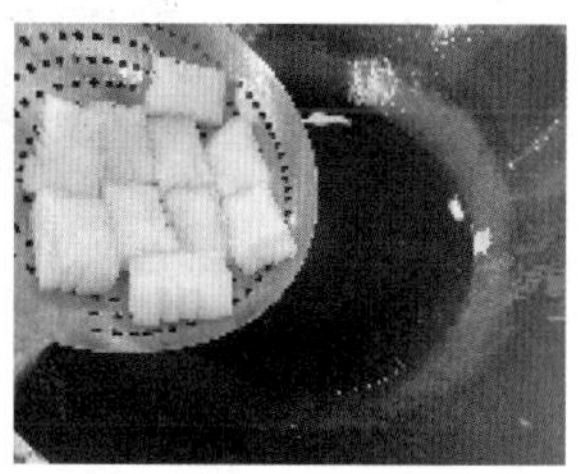

（3）初步热处理：锅中放油，烧至五成热，分别将冬瓜、蒜米、虾米、火腿炸至微黄色捞出待用。

（4）烹制：热锅冷油，下料头爆香，烹入料酒，加鸡汤、蚝油、盐调味，放入冬瓜、虾米、火腿小火焖制 20 分钟即可。

（5）装盘成菜：取出焖好的瓜脯装盘，用原汤勾芡淋在瓜脯上，撒上虾米和火腿，西兰花焯水摆盘点缀即可出品。

实训报告与知识链接

【成菜特点】

味道鲜甜，多汁软嫩，色泽淡黄，形状整齐，酥烂鲜醇，美观大方。

【大师点拨】

1. 主料应选择肉厚、表皮完整无破损的冬瓜，这样菜品口感会更好。
2. 冬瓜改成长方块后四边剞上花刀，这样更容易入味。
3. 虾米、火腿入高汤蒸制后能减少储存时的油哈味，更能提香。
4. 冬瓜本味清甜，加虾米、火腿、高汤焖制，味道会更加清香醇厚。

【创意引导】

1. 食材的变化：虾米扒瓜脯，冬瓜可以换成节瓜、苦瓜、莲藕等清香果蔬，配料虾米、火腿也可用瑶柱、干墨鱼等味道浓香的原料代替。

2. 盛器的变化：这道菜传统的盛装方式为海碗或者窝碟，可变化成电磁锅、酒精银锅，可加热保温，上桌时汤汁翻腾、热气腾腾更具气氛。

双菇扒菜胆的制作

八宝扣红鸭的制作

扣三丝的制作

任务三　扒、扣的烹饪技法基本功任务考核

小明，是一名中职烹饪专业的学生，经过自己勤奋刻苦的努力学习，两年的专业学习让他掌握了中餐热菜各种烹饪技法。在一次期末考试中，老师要求同学们2人为一组，运用扒的烹饪技法来完成“香菇扒菜胆”菜品的制作。

请结合本模块所学的烹饪技法，带领其他同学一起完成本次任务，并填写下表。

<table>
<tr><td>菜品名称</td><td></td><td>完成日期</td><td></td><td>表格填写人</td><td></td></tr>
<tr><td>团队成员</td><td colspan="5"></td></tr>
<tr><td>任务描述</td><td colspan="5"></td></tr>
<tr><td>评分要素</td><td colspan="3">评价标准描述</td><td>配分</td><td>自评得分</td></tr>
<tr><td>任务分工
用时分配</td><td colspan="3"></td><td>20</td><td></td></tr>
<tr><td>菜品选料</td><td colspan="3"></td><td>10</td><td></td></tr>
<tr><td>刀工成形</td><td colspan="3"></td><td>10</td><td></td></tr>
<tr><td>烹制火候</td><td colspan="3"></td><td>20</td><td></td></tr>
<tr><td>菜品调味</td><td colspan="3"></td><td>10</td><td></td></tr>
<tr><td>成菜特点</td><td colspan="3"></td><td>8</td><td></td></tr>
<tr><td>菜品装盘</td><td colspan="3"></td><td>7</td><td></td></tr>
<tr><td>卫生习惯</td><td colspan="3"></td><td>15</td><td></td></tr>
<tr><td>职业素养评价</td><td></td><td>教师评分</td><td></td><td>自评总分</td><td></td></tr>
</table>

单元六 烹饪技法：炸、溜

任务一 油温与炸的烹饪技法认识

一、油温相关知识

做菜要掌握烹饪技法，也离不开食材与各式各样的调料，食用油就是必不可少的一种。食用油主要分动物油和植物油两大类，动物油是用动物的皮下脂肪提炼出来的，而植物油是用各类可食性的植物果实压榨而来的。

食用油的用途很多，例如做菜、腌制食物、加工食物、保存食物等，下面我们先来学习油温的鉴别方法。除了利用一些仪器以外，在厨房主要还是根据厨师自己的经验来对油温进行鉴别，油温按“成”来进行区分（每“成”油温为30℃），主要分为以下几种：

1. 冷油温：油温一到二成，油面平静，适合油酥花生、油酥腰果等菜品的制作。

2. 低油温：油温三到四成，油面平静，油面上有少许泡沫，略有响声，无青烟，适合于干料泡发、滑油、滑炒、松炸等菜品制作，具有保鲜嫩、除水分的功能。

3. 中油温：油温五到六成，油面泡沫基本消失，搅动时有响声，有少量的青烟从锅四周向锅中间翻动，适合于炸、炒、炝、贴等烹饪技法，具有酥皮增香、使原料不易碎烂的作用。

4. 高油温：油温七到八成，油面平静，搅动时有响声，冒青烟，适合于炸、油爆、油淋等烹饪技法，下料见油即爆，水分蒸发迅速，原料容易脆化。

5. 极高油温：油温九成左右，适合于炸、油淋的烹饪技法，由于油的高温劣变，会产生有毒物质，有害人体健康，营养成分破坏，所以不提倡使用此温度的油温制作菜品。

二、炸的烹饪技法认识

炸就是利用较多的食用油作为传热介质对食材进行加热，使原料排去多余的水分，表皮快速收缩，让其定型、初步熟、上色、成菜的一种烹饪技法。

炸制法的运用很广，原料泡发以及菜品、面点、小吃的制作都有用到，全国各地的菜系都常用炸的烹饪技法。炸可分为清炸、挂糊炸（干炸、脆炸、酥炸、软炸、香炸、包炸、卷炸）以及特殊炸。

技术要领：

1. 必须用足够的油来淹没所炸原料，使其受热均匀。

2. 油的温度变化较大，烹饪的有效油温在100℃~230℃，要根据菜品要求灵活掌握油温。

3. 根据温度，油锅可分为热油锅、温油锅、旺油锅，还有先热后温或先温后热之别，有的还需要冷油下锅，所以既要考虑原料性质，又要善于用火。

通过结合以上的菜品学习，运用理实一体的手法，相信同学们都有了自己的一分收获，接下来考核大家的机会来了，你认为你们小组能在全班脱颖而出吗？那就赶快进入角色吧！我们拭目以待。

任务二　脆皮炸茄盒的制作

【任务情境】

明圆新都酒店进了一批爱心茄子，厨房厨师准备将这批茄子用于多功能厅的自助餐菜品。由于茄子凉拌、红烧都不适合自助餐，厨师想到了炸。“脆皮炸茄盒”是一道色、香、味俱全，广受欢迎的菜品，也是符合自助餐出品要求的菜品。

【任务目标】

知识目标：能说出茄子的食用价值与营养价值。

技能目标：1. 能够掌握炸茄盒时四到五、六到七成油温的控制。

2. 能够掌握茄夹的酿制方法。

3. 能够掌握脆浆的调制要领。

情感目标：1. 培养学生对炸的烹饪技法的学习兴趣。

2. 提高学生在烹饪食材过程中的应变能力及创新能力。

【任务实施】

1. 制作原料：

主料：长茄子 1 根、半肥瘦碎肉 150 克、鱼胶 60 克

脆浆料：脆炸粉 300 克、鸡蛋 1 个

自调脆浆料：面粉 250 克、生粉 50 克、泡打粉 5 克、吉士粉 25 克、鸡蛋 1 个

调料：盐 3 克、鸡精 3 克、胡椒粉 1 克、姜葱各 2 克、香油 1 克、生粉 50 克

2．制作过程：

（1）初加工：茄子洗净后，改刀切成厚1~1.3厘米的夹刀片，轻轻冲一下水待用（冲水可以防止茄子氧化变黑）。姜葱切末。

（2）肉馅制作：将半肥瘦碎肉放入盆中，加入盐、鸡精、胡椒粉和葱姜末，用手或筷子顺时针搅拌起劲，再加入鱼胶、香油拌匀成肉馅待用。

（3）酿制：在茄夹内里抹上生粉，酿入适量肉馅，把夹口肉馅收平，再拍上少许生粉待用。

（4）脆浆调制：将面粉、生粉、吉士粉、泡打粉（也可用成品脆炸粉）置于盆中，打入鸡蛋，再加入适量清水（分几次添加）调成糊状，加入少许调和油拌匀成脆浆。

（5）炸茄盒：锅中放油烧至四到五成热，将酿好的茄夹裹上脆浆，放入油中炸至金黄色捞出，待油温升至六到七成热，再放入油中复炸一次，外皮酥脆即可出锅。

【成菜特点】

实训报告与知识链接

外焦里嫩，鲜香适口。

【大师点拨】

1. 茄子切开或去皮后容易氧化变黑，所以要将茄子在改刀后轻轻过一下水，就不会氧化变黑。

2. 在茄夹内里拍上生粉，肉馅不容易脱落。

3. 脆浆在调制时，水要分几次添加，而且要根据空气湿度调制浆的黏稠度。

4. 在脆浆中加入调和油能使炸出来的脆皮表面更加光滑酥脆。

5. 复炸能使茄盒更加金黄酥脆。

【创意引导】

1. 食材的变化：脆炸适用于一些水分少、易成熟、无骨头的原料，可制作出如“脆炸炸藕夹”“脆炸炸芋头夹”“脆炸土豆饼”等菜品。

2. 口味的变化：原料可以荤素搭配，蘸汁也可以多样化，如番茄汁、椒盐、甜辣酱等。

任务三 三丝米纸春卷的制作

【任务情境】

大年三十中午，南方大酒店正在忙碌地准备着年夜饭的订单，这时餐厅接到一位订餐客人的电话。因为已订套餐中的主食饺子他的家人都不太喜欢吃，想换成一道有内涵意义的主食菜品。厨房厨师想到了春卷，春卷历史悠久，由古代的春饼演化而来，制作成本也和饺子对等。春卷的“春”就是春天的意思，有迎春喜庆之吉兆。客人了解后非常满意，同意换成这道菜。

【任务目标】

知识目标：能说出春卷的含义及由来。

技能目标：1. 能够掌握春卷皮的制作要领。

2. 能够掌握春卷馅心的制作手法。

3. 能够掌握炸的烹饪技法的火候控制方法。

情感目标：培养学生对民间美食的学习兴趣。

【任务实施】

1. 制作原料：

主料：米纸 15 张、里脊肉 100 克、冬菇 80 克、韭黄 120 克

配料：鸡蛋 1 个、姜葱各 5 克

调料：盐 3 克、鸡精 2 克、胡椒粉 1 克、香油 2 克、生粉少许

工具：吸油纸 2 张

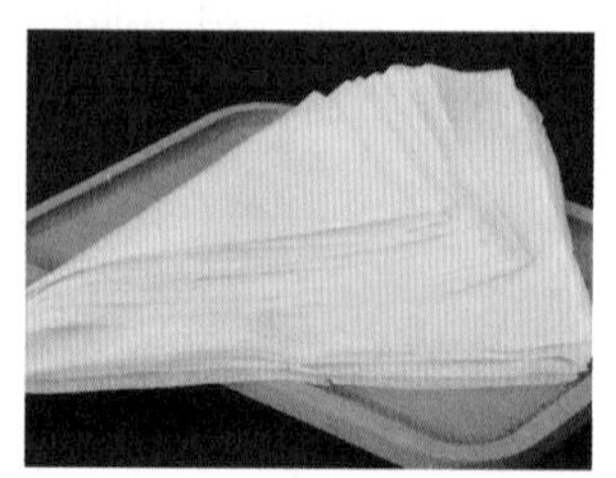

2. 制作过程：

（1）馅料切配：将里脊肉、冬菇洗净切细丝，肉丝用三味腌制，生粉上浆，韭黄洗净切成 4~5 厘米长的段，姜葱切末待用。

（2）馅料炒制：热锅冷油，待油温升至三到四成热时放入肉丝滑油至八成熟倒出。锅中余油放入姜葱末爆香，加入冬菇、韭黄翻炒一下，加入肉丝，调三味勾芡即可成馅。

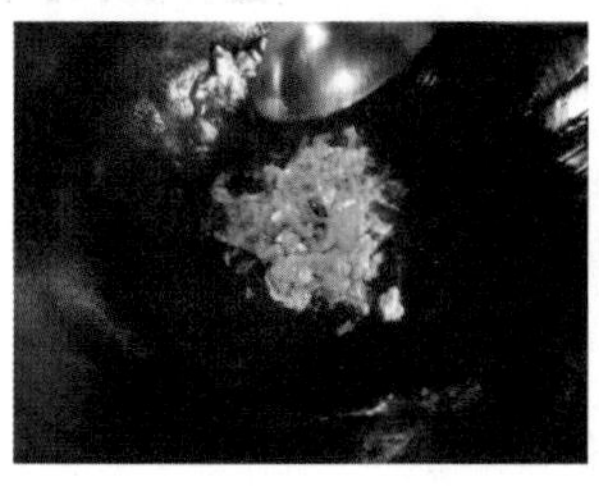  

（3）包春卷：取一个蛋清打散，将米纸放在案板上，放上肉丝馅，卷拢，两头折拢，最后卷成 6~7 厘米长、1.5~2 厘米宽的小长方形包，用蛋清封口。

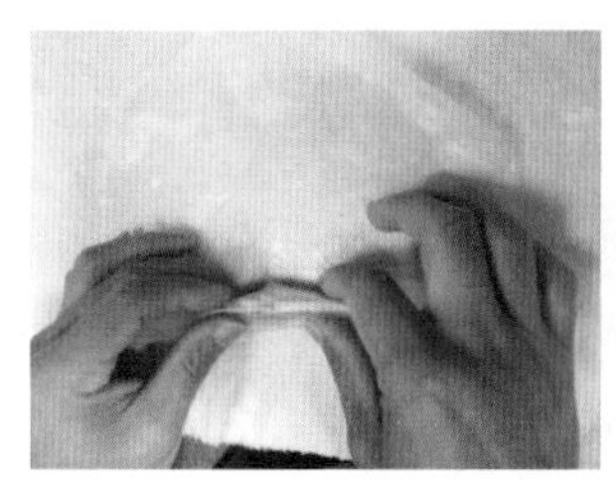 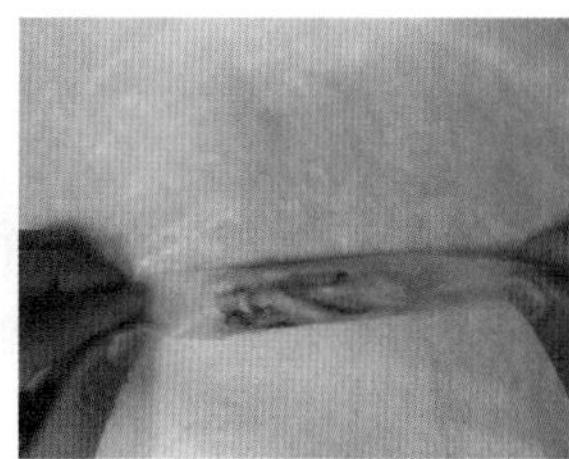 

（4）炸春卷：热锅冷油烧至五到六成热，将春卷入锅炸，炸时用筷子不断翻动使其均匀受热，约两分钟后春卷呈金黄色即可捞出，置于吸油纸上吸去多余的油。

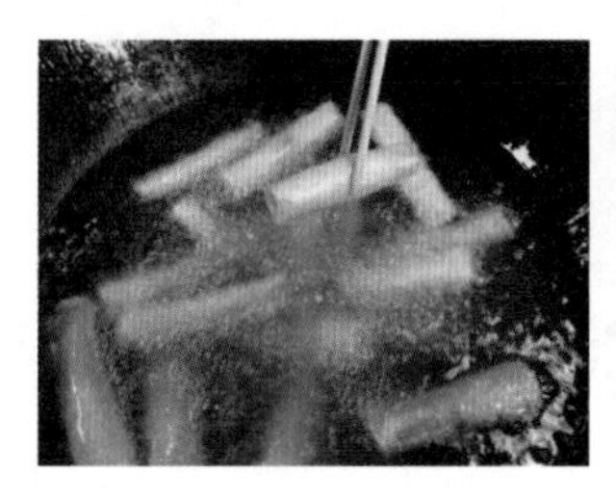 

（5）装盘成菜：根据器皿特点装盘点缀即可出品。

实训报告与知识链接

【成菜特点】

皮薄酥脆，外香里嫩。

【大师点拨】

1. 米纸薄，吸水后容易烂，所以在制馅时尽量使馅汁少一些。
2. 春卷的馅料可依照个人的喜好变换，荤素均可。
3. 用蛋清封口，在炸春卷时不易松散。

【创意引导】

1. 食材的变化：春卷的馅心是多样化的，使用地方特色食材或季节性食材均可。

2. 口味的变化：在制作馅心时可以根据地方口味调制成鲜香味型、香辣味型、酱香味型等，保证口味的灵活性，可以满足不同食客的要求。

3. 盛器的变化：除了常规的方碟，我们可以用竹篮、簸箕等具有民族特色的器皿，提升菜品特色和档次。

任务四　吉列炸猪扒的制作

【任务情境】

汪老板经营一家私房菜馆，下午3点多来了几位外国游客想要吃西餐。但店里的西餐原料所剩无几，采购的原料还没能补充回来。这时大厨灵机一动，用猪肉和面包糠炸制吉列猪扒，并配上番茄酱给客人。客人食用后觉得口感酥脆、味道香浓，大加赞赏。

【任务目标】

知识目标： 了解吉列炸猪扒的原料性质与使用细节要求。

技能目标： 1. 能够掌握炸的烹饪技法的操作要求。

2. 能够掌握裹面包糠的技术要领。

3. 能够掌握油温的火候控制技术细节。

情感目标： 1. 培养学生学习不同烹饪技法的兴趣。

2. 通过动手操作，增强学生的合作能力，通过菜品的完成，培养学生的自信心。

【任务实施】

1. 制作原料：

主料：猪里脊肉 400 克

配料： 姜 10 克、蒜 10 克、洋葱蓉 20 克、鸡蛋 1 个、生粉适量、面包糠适量、番茄酱或千岛汁适量

调料：盐 5 克、糖 1 克、料酒 6 克

2. 制作过程：

（1）初加工：洗净里脊肉，用刀切 1 厘米的厚片，去除筋膜。用小锤或刀背轻轻地捶打肉片，把肉的筋络捶松，以达到入味充分和口感松化的要求。

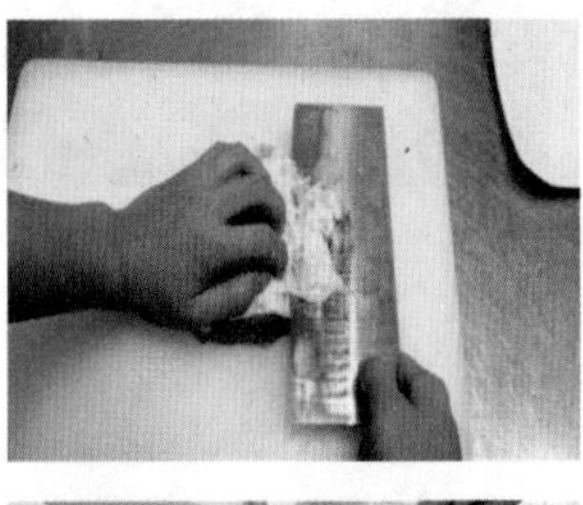

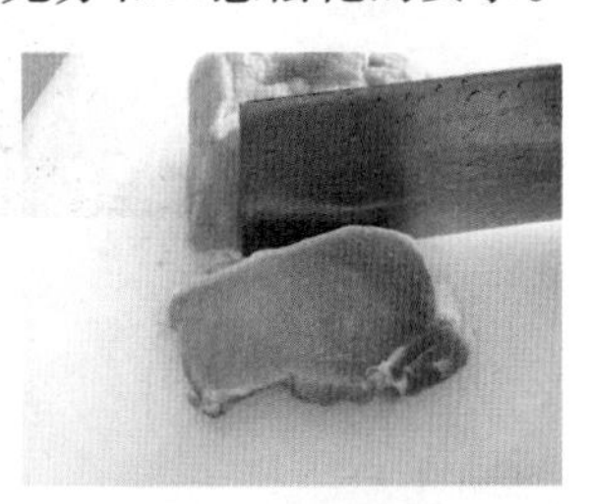

（2）腌制：将里脊肉沥干水分，放入盐、姜、洋葱蓉、料酒，腌制20分钟。

（3）裹蛋糊、拍面包糠：将鸡蛋和生粉搅拌均匀，调成全蛋糊，放入里脊肉使其全部粘裹上糊。然后放入面包糠中粘裹全身，用手轻拍压，使面包糠和肉片粘裹紧实。

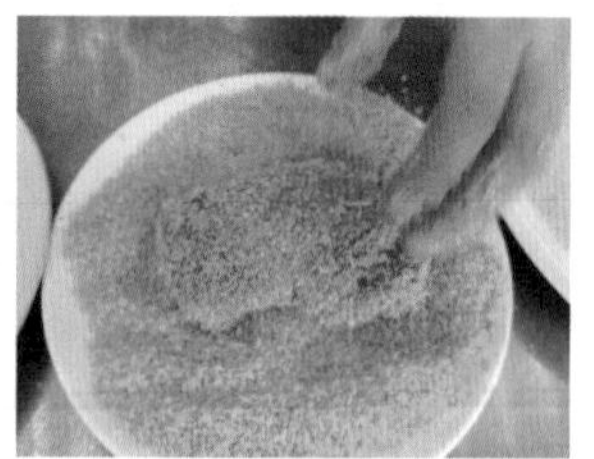

（4）烹制：油温烧到五成热，放入拍好面包糠的猪扒，炸2分钟左右（视肉片的厚薄及成熟度来定），捞起。加大火烧油温升至六成热，将猪扒再次下锅炸至金黄。

（5）装盘成菜：把猪扒取出，根据客人要求是否要改刀，用小碟装番茄酱或千岛汁搭配，装盘点缀即可出品。

【成菜特点】

色泽金黄，香味浓郁，外酥里嫩，可口松化，肉汁丰腴。

实训报告与知识链接

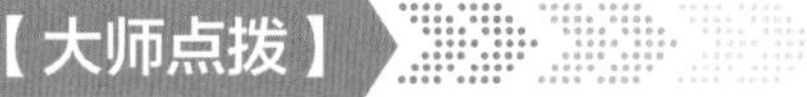

1. 肉片捶打过后腌制可使成品口感更好。

2. 肉片粘裹上面包糠后轻轻拍压紧实，使面包糠在炸制过程中不易脱落，既保障了菜品的美观，也可避免面包糠落入油中。

3. 第一次炸制时炸至猪扒成熟即可，第二次要炸到猪扒色泽金黄、外表酥脆才可取出沥油待用。

1. 食材的变化：主料猪肉可以换成鸡肉、鱼肉等其他食材，这样也可满足一些因宗教信仰等原因不食猪肉的客人的需求。面包糠也可换成玉米面、瓜子仁、杏仁片等食材，使口味更丰富。

2. 做法的变化：除了炸制我们也可使用煎、吊烧、烤等方法来烹制这道菜。

3. 口味的变换：随着现在人们口味的多元化，味汁味型可以有更多的选择。除了中式传统的糖醋味型、椒盐味型，西式的黑椒味型、沙拉酱味型、百香果味型等新味道也很受大众欢迎。

任务五　拔丝苹果的制作

帅帅参加了今年的烹饪大赛，本次大赛要求选手们用水果来制作一道菜品。赛场上高手如云，经过多轮的过关斩将，帅帅以一道“拔丝苹果”夺得桂冠。

通过现场视频回放，这道拔丝苹果的每一个制作步骤都呈现在了观众眼前：苹果切块、裹粉炸脆，用油拔的方法炒糖拔丝……每个步骤看似简单，但真正制作起来，真可要下一番工夫。

【任务目标】

知识目标： 1. 了解糖的种类。

2. 学会脆浆的调制方法。

技能目标： 能够掌握炒糖拔丝的操作要领。

情感目标： 1. 培养学生对甜菜制作的热情及兴趣。

2. 提高学生对糖的认识，了解糖在烹饪中的运用。

【任务实施】

1. 制作原料：

主料：苹果 400 克

配料：绵白糖 100 克、淀粉 50 克、脆炸粉 100 克、花生油 1000 克

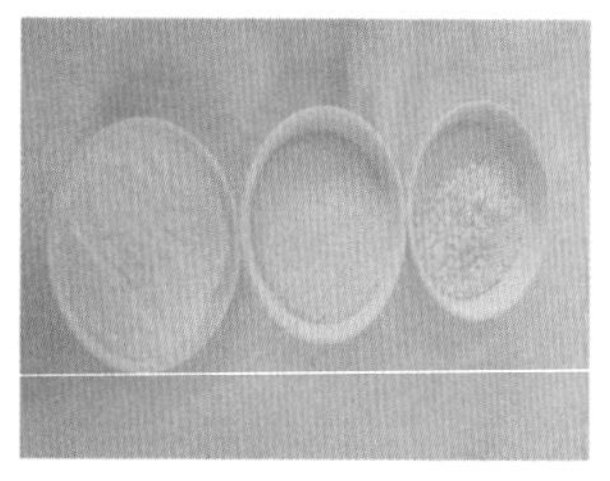

2. 制作过程：

（1）苹果洗净去皮、去核，用滚刀法切边长 3 厘米的三角块，放在清水中浸泡，以防氧化变色。注：苹果块要切得大小均匀。

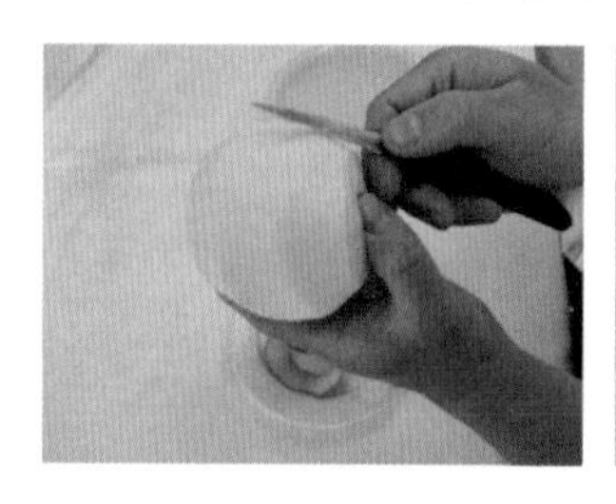

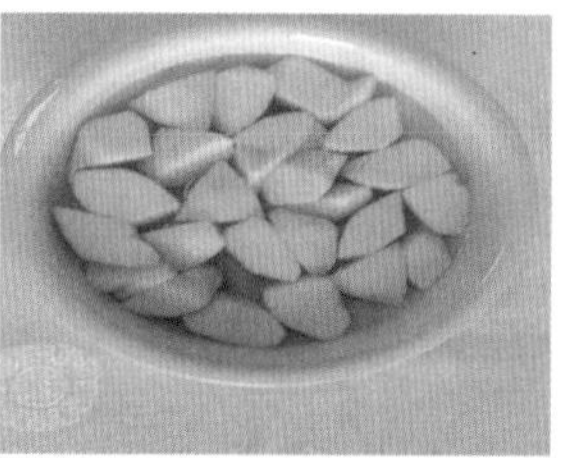

（2）苹果块捞起沥干水，在表面均匀地裹上淀粉。注：淀粉要包裹均匀。

实训报告与知识链接

（3）将脆炸粉倒入盆里，加入蛋黄、少许油、适量水，调成糊状（自制脆炸粉调制比例：低筋面粉100克、淀粉50克、泡打粉15克）。锅里倒入油，开火升到五成油温。然后将裹好淀粉的苹果挂上脆浆，用筷子夹起放入滚油中炸，保持五成油温，将它们炸熟炸透，捞起。油温升至六成，将苹果复炸至表面金黄酥脆时，捞出控油备用。注：苹果含水分较多，不可炸过长时间，定型上色即可。

（4）锅中倒入少许的底油，油烧热后倒入绵白糖，开小火慢炒，绵白糖遇热融化，化成糖浆，有少量小气泡熬成香油色状态。熬成糖浆时，将锅抽离炉火口。

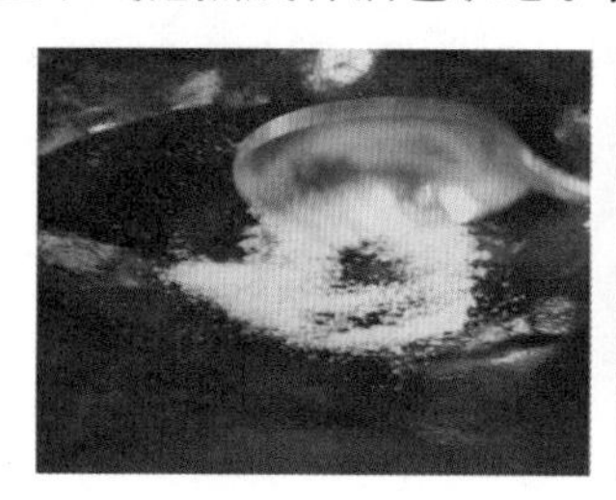

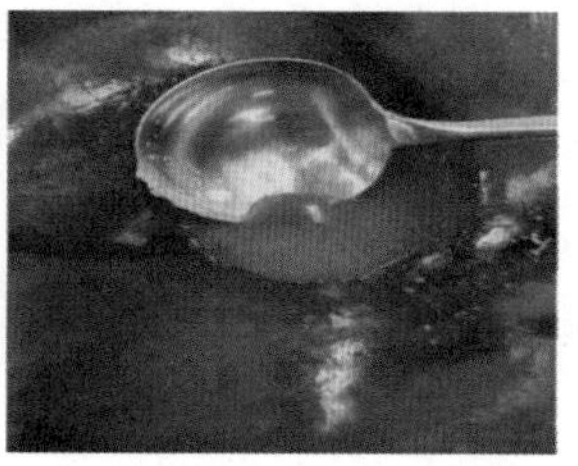

（5）把炸好的苹果块放进锅里，伴着糖浆快速翻锅，让所有的苹果块都均匀裹上糖浆，即可出锅装盘。

【成菜特点】

拔丝苹果颜色呈金黄色，外酥里脆，香甜可口。筷子夹起能拉出糖丝，金丝满布，连绵不绝。

【大师点拨】

1. 水分大的水果，如草莓、苹果、梨等，在下油锅炸前，一定要先裹一层面粉或淀粉后再裹一层挂糊，否则水分多容易粘连。含淀粉多水分少的食材，就不必挂糊了，如土豆、红薯、山药等。

2. 炒糖是关键。首先少油小火。小火炒热白糖，并不断搅拌，炒至糖完全融化呈现香油色时，用勺子舀起糖汁往下倒，能形成一条直线就可以了，这时候一定要迅速放入炸好的原料，搅拌均匀即可出锅。

3. 炒好糖浆后，倒入的原料一定要是热的。如果原料不热，容易使糖浆变凉，就做不出拔丝的效果来。天气太冷的话，最好是准备两个锅头，一个油炸主料，一个炒糖浆，主料快炸好的时候就可以炒糖浆了，这样效果更好。

4. 炒糖浆不能用大火，以免糖浆焦化有苦味。

【创意引导】

食材的变化：可将主料换为土豆、地瓜、芋头等食材，制作出“拔丝土豆”“拔丝地瓜”“拔丝芋头”等菜品。

任务六　蒜香炸排骨的制作

【任务情境】

一位上海客人春节时一个人独自来到南宁，在一家广式茶餐厅吃饭。客人想点一道上海家乡菜，但餐厅的黄大厨没学过地道的上海菜制作。黄大厨急中生智制作了一道“蒜香炸排骨”，客人吃后感觉这道菜品是家乡菜，但又有所不同，回味无穷，印象极深，念念不忘。

【任务目标】

知识目标：了解蒜香炸排骨的原料性质与使用细节要求。

技能目标：1. 能够掌握炸的烹饪技法的操作方法。

2. 能够掌握蒜香味型腌制的技术要领。

3. 能够掌握炸制的火候控制技术细节。

情感目标：1. 培养学生对不同烹饪技法的探索与学习的兴趣。

2. 提高学生对粤菜做法和海派菜原料的融合创新能力。

【任务实施】

1. 制作原料：

主料：猪排骨 500 克

配料：蒜米 60 克、姜 10 克、葱 10 克、糯米粉 15 克、生粉 30 克、鹰粟粉 15 克

调料：盐 8 克、味精 5 克、料酒 10 克、胡椒粉 2 克、糖 5 克

2. 制作过程：

（1）初加工：洗净主配料，排骨砍成小块，姜、葱加料酒抓出姜葱汁待用。蒜米加适量清水用搅拌机榨出蒜汁，蒜蓉留好另用。

（2）腌制：排骨沥干水分，将盐、味精、胡椒粉、姜葱汁、糖、蒜汁倒入排骨中，拌至吸收进去后，加入糯米粉、生粉、鹰粟粉拌匀，腌 20 分钟。

（3）预炸：起锅，热锅下冷油。将油温加热到三到四成，将排骨下锅浸炸至仅熟捞出沥油待用，将榨汁剩下的蒜蓉放入油锅炸成金黄的干香蒜蓉，捞出沥油待用。

（4）复炸：将锅中油升温至六到七成，把预炸的蒜香排骨再次下锅炸至表面金黄香脆，捞出沥油待用。

（5）烹制成菜：另起锅，热锅冷油把炸好的蒜蓉和排骨放入锅中用小火快速翻炒均匀，出锅装盘点缀即可出品。

实训报告与知识链接

【成菜特点】

蒜香浓郁，皮脆肉嫩，色泽黄亮。

【大师点拨】

1. 蒜香炸排骨选料要选靠近猪后部的肋排口感会更好。

2. 腌制时要先把排骨沥干水分再腌制，这样出品会更香更入味。

3. 因为排骨相对较大块，分低温预炸熟和高温复炸上色、炸干、炸香，复炸会使成品颜色变得更金黄，让人更有食欲。

4. 蒜米放入搅拌机打蓉时放水不要过多，以免蒜汁过淡影响腌制效果。

5. 糯米粉能保护肉质水分不过多流失，炸制后口感软糯，配合生粉使用让成品口感适中，不干硬。

6. 当看到排骨两边肉收缩、骨头凸出，即为炸制成熟之时。

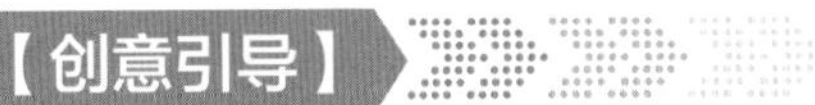

1. 食材的变化：主料可以换成鸡翅、鱼丸等其他食材，这样可让客人有更多的选择。

2. 做法的变化：除了炸制也可使用煎、吊烧、烤等方法来烹制这道菜。

3. 盛器的变化：传统的盛器为平碟或凹碟，点缀简单，也可以用面条、芋头丝做成鸟巢造型并选用竹制小簸箕盛装。

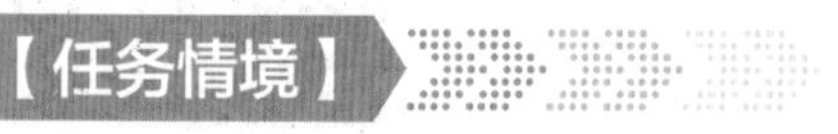

任务七 菠萝咕噜肉的制作

【任务情境】

南宁某大学接到通知：有一批外国学生要来校交流。校领导要求学校食堂做好接待任务，要求菜品口味必须是中西方同学吃得惯的，能并且不能超出预算餐标。食堂李大厨选做了一道“菠萝咕噜肉”，此菜酸甜可口，得到师生们一致好评。

【任务目标】

实训报告与知识链接

知识目标：1. 掌握咕噜肉制作中的腌制手法。

2. 了解炸制前拍粉的作用。

技能目标：1. 掌握腌制的技术要领。

2. 掌握炸的烹饪技法的火候控制技术细节。

3. 学会糖醋汁的调制方法。

情感目标：引导学生肯动脑，勤动手，善于观察，刻苦钻研业务知识，勤练专业技能，为将来的就业打下坚实基础。

【任务实施】

1. 制作原料：

主料：五花肉 300 克

配料：菠萝 200 克、青红椒 50 克、鸡蛋黄 1 个、生粉适量、蒜蓉 5 克、葱白段 5 克、姜片 3 克

调料：番茄酱 60 克、盐 5 克、白糖 40 克、米醋 20 克

2. 制作过程：

（1）初加工：洗净主配料，五花肉清洗干净切小块。调制姜葱酒汁。青红椒改刀切成小块待用。菠萝改刀切成小块待用。

（2）腌制：五花肉中加入姜葱酒汁、基本味、鸡蛋黄，抓匀。捞出五花肉，均匀沾裹生粉。

（3）炸制：开火烧油至五到六成油温时放入五花肉，炸至淡黄色捞出，再次升高油温，复炸至色泽金黄、外表酥脆捞出沥油待用。

（4）烹制出锅：锅洗净烧热油爆香料头，放入番茄酱、白糖、米醋、盐调味，加青红椒、菠萝，勾生粉芡，再放入炸好的咕噜肉，迅速颠锅使芡汁包裹均匀。

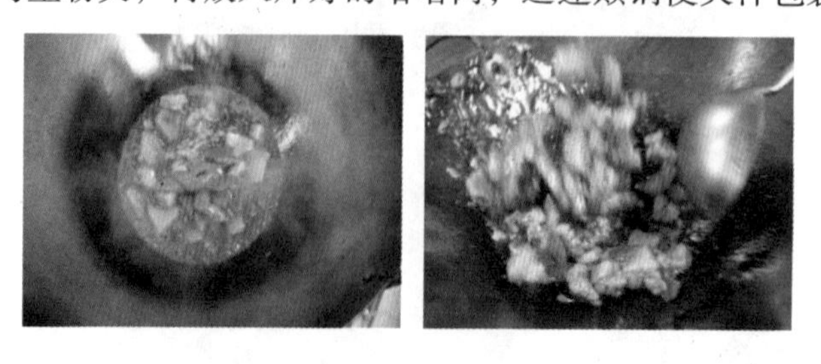

（5）出锅成菜：加尾油出锅，装盘即成。

【成菜特点】

色泽艳丽，金黄酱红，肉块裹着一层酸甜适宜的糖醋芡汁，外脆里嫩，酸甜可口。

【大师点拨】

1. 切肉块时要注意大小厚薄均匀，以免炸制时酥脆程度不一致。

2. 炸咕噜肉时，要准确控制油温和时间，以免炸制时间过长或油温过高导致炸焦、炸干，油温过低导致吸油太多，造成成品口感油腻。

3. 裹生粉前在五花肉中拌入蛋黄，能使炸出来的成品色泽更金黄。

4. 炸咕噜肉时升高油温再复炸一下可确保外皮酥脆持久。

5. 芶好芡后放入炸好的咕噜肉，快速翻炒均匀出锅装盘，避免因浸泡汁水时间过久而影响成品酥脆口感。

6. 勾芡不要太稠或太稀，都会影响成品美观。

【创意引导】

1. 食材的变化：主料猪肉可以换成鸡肉、鱼肉等其他食材，配料菠萝可以换成其他水果如火龙果、荔枝、黄桃等时令水果。

2. 口味的变化：同样是酸甜味型，可用黄色的浓缩橙汁、紫色的黑加仑汁、蓝色的蓝莓汁等不同味道的果汁做芡汁，也可加苹果醋等果醋改变氛围与色彩。

3. 盛器的变化：传统的盛器为平碟或凹碟，点缀简单，也可以用中式拼雕、西式装盘、果酱画等方式提升这道菜品的档次。

任务八　炸、溜的烹饪技法基本功任务考核

王强是一所中职学校烹饪专业二年级在校生，他时常在想，自己以后到工作岗位上能熟练运用学习的专业技能吗？带着这种疑问，他也主动找了很多老师谈心，了解情况。两年的在校生活很快就要结束了，而烹饪专业的学生在毕业前都要迎接一次大考——烹饪职业资格证书考试。

王强得知消息后一乐，这不就是一次很好的检验机会吗？考试中包括让做一道集制馅、调制脆浆、控制油温、火力大小转换、酿制手法运用于一体的菜品。具体要求如下：

1. 制馅主料要求是动物性的水产品，馅心要具备脆弹的口感。
2. 酿制手法外用的主料不能选用茄子和辣椒。
3. 脆浆料要求自己配制，不能用现成的脆炸粉代替。
4. 成菜要求配有酸甜味型的蘸汁。
5. 菜品成形要确保两种或以上，要有创新。

如果你是王强，请以小组（2人）的形式完成该菜品的制作任务并完成下表。

<table>
<tr><td>菜品名称</td><td></td><td>完成日期</td><td></td><td>表格填写人</td><td></td></tr>
<tr><td>团队成员</td><td colspan="5"></td></tr>
<tr><td>任务描述</td><td colspan="5"></td></tr>
<tr><td>评分要素</td><td colspan="3">评价标准描述</td><td>配分</td><td>自评得分</td></tr>
<tr><td>任务设计</td><td colspan="3"></td><td>10</td><td></td></tr>
<tr><td>任务分工
用时分配</td><td colspan="3"></td><td>20</td><td></td></tr>
<tr><td>菜品选料</td><td colspan="3"></td><td>8</td><td></td></tr>
<tr><td>刀工成形</td><td colspan="3"></td><td>5</td><td></td></tr>
<tr><td>菜品调味</td><td colspan="3"></td><td>10</td><td></td></tr>
</table>

（续表）

<table>
<tr><td>脆浆配比与调制</td><td colspan="3"></td><td>20</td><td></td></tr>
<tr><td>火候与油温运用</td><td colspan="3"></td><td>10</td><td></td></tr>
<tr><td>成菜特点</td><td colspan="3"></td><td>7</td><td></td></tr>
<tr><td>卫生习惯</td><td colspan="3"></td><td>10</td><td></td></tr>
<tr><td>职业素养评价</td><td></td><td>教师评分</td><td></td><td>自评总分</td><td></td></tr>
</table>

单元七 烹饪技法：煎、焗

任务一 煎、焗的烹饪技法认识

中餐技艺博大精深，烹饪行业的未来靠的也是我们年青一代烹饪专业的学习者，我们对烹饪的每一次探索与思考，都有助于将来对烹饪行业发展贡献自己的一份力量。每一种烹饪技法都有它的独特之处，都值得我们烹饪学习者、从业者认真学习和研究。下面我们一起来学习煎、焗的烹饪技法的相关知识。

一、煎

煎：是将加工成扁、薄状或小型的原料腌制调味（有的要拍粉或上浆），然后在平底锅中用少量底油加热，使原料两面煎至成金黄色而成菜的烹饪技法。

技术要领：

1. 腌制入味环节要恰到好处，不能过咸或者过淡。
2. 拍粉和上浆也决定菜品的成败，不能过厚。
3. 煎制的时长控制是菜品制作的关键环节，要确保食材煎熟煎透。
4. 煎制的火候关系菜品的成败，要根据食材性质合理选用火力。

二、焗

焗：是以汤汁、蒸汽、盐、石头或泥土为导热媒介，对腌制入味的原料或半成品进行加热最后成菜的技法。

技术要领：

1. 原料要选择质地较嫩的整形动物类原料。
2. 原料在改刀处理后，更利于腌制浸泡入味。
3. 控制好原料的烹制温度与时间。
4. 成品形态完整、皮脆肉嫩、香味醇厚。

话不多说，下面就结合具体菜品对以上两种烹饪技法进行系统的学习。大家加油！

煎酿豆腐的制作

风城煎蛋饺的制作

任务二　豉香煎带鱼的制作

【任务情境】

小韦是在海边长大的孩子，暑假快到了，他想学习做一些海鲜类菜品给父母吃，但又不知道怎么做，于是向师傅请教。师傅教了他几道海鲜类的菜品，其中一道就是“豉香煎带鱼”。小韦品尝后觉得非常美味，又容易操作，他一一记下了师傅讲解的每个步骤。

【任务目标】

知识目标：1. 了解带鱼的原料性质。

2. 了解豆豉的由来及使用特点。

技能目标：1. 掌握处理带鱼的技巧。

2. 掌握煎带鱼的技巧。

情感目标：1. 培养学生对不同烹饪技法的探索与学习的兴趣。

2. 培养学生对各种海鲜类原料的融合创新能力。

【任务实施】

1. 制作原料：

主料：带鱼 1 条（约 400 克）

配料：豆豉 10 克、葱 30 克、蒜 20 克、姜 30 克、青蒜 30 克

调料：酱油 30 克、盐 5 克、糖 10 克、鸡精 10 克、料酒 30 克、蚝油 30 克、生粉 100 克

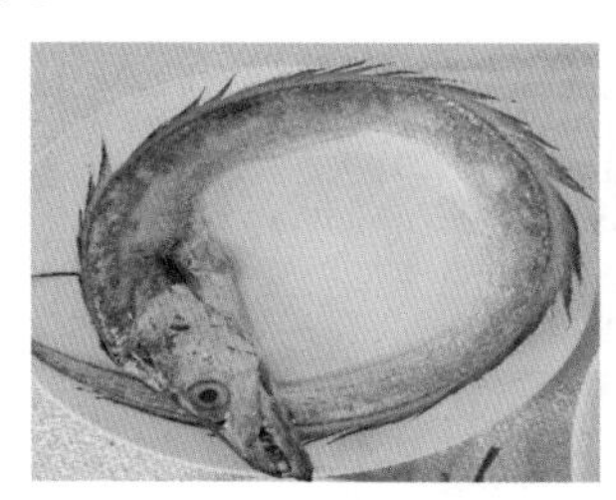

2. 制作过程：

（1）初加工：洗净主配料，将带鱼洗净，去头、去内脏，把背鳍去除掉，内腔黑膜要清洗干净，切 3~4 厘米的段。姜切末，葱白切末，蒜米剁成蒜蓉，青蒜切末，豆豉切碎。

（2）腌制：将带鱼控干水分，用姜、葱、料酒混合加入三味（盐、糖、鸡精），将带鱼腌制 20 分钟。

（3）煎制：带鱼腌制好后，拍上一层薄薄的生粉，锅中倒油，将带鱼煎至两面金黄捞出控油备用。

（4）烹制：热锅冷油，放入料头（姜末、蒜末、葱白末、青蒜白末）煸香，再放入切碎的豆豉炒出豉香味，放入带鱼，加一勺高汤，放入三味、蚝油，收汁勾芡撒上青蒜末即可出锅。

 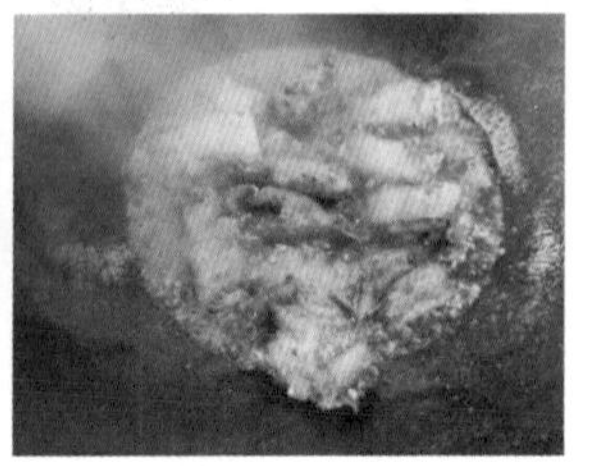

（5）装盘成菜：装盘点缀即可出品。

实训报告与知识链接

【成菜特点】

口感滑嫩，豆豉香味突出。

【大师点拨】

1. 选购带鱼的技巧：

（1）看鱼体：优质的鲜带鱼应该鱼体匀称且饱满、完整、厚实、坚硬不弯。鲜带鱼的鱼体硬度越高越新鲜。

（2）看银鳞：鱼体表面银鳞的颜色应该是灰白色或银灰色，有光泽，如果上面附着一层黄色的物质则新鲜度不高。

（3）看鱼鳃：看鱼鳃是挑选鲜带鱼的关键技巧，鱼鳃越是鲜红就说明越新鲜。

（4）看鱼眼：鱼眼的眼球凸起且黑白分明的则是新鲜带鱼，眼球下陷且有一层白蒙的则不新鲜。

（5）看鱼肚：鱼肚已经破掉的带鱼不要购买，这种带鱼通常是已经开始腐烂的带鱼。

2. 带鱼略带咸味，所以菜品调味时要控制好盐的比例。

【创意引导】

1. 食材的变化：可以使用白鳝、鲳鱼、金丝鱼、黄花鱼等鱼类进行煎制，创意搭配多种口味，提升菜品品质。

2. 豉香菜品的研发融合：豆豉不但可以搭配各种海鲜，还可以作为多种禽、畜类食材的配料，制作出如“豉汁蒸排骨”“豉香蒸滑鸡”“砂锅豉香黄鳝煲”等菜品。

任务三 蚝仔煎蛋饼的制作

【任务情境】

盛夏初秋，生蚝新鲜肥美，价格便宜。职校烹饪老师为了提高学生们的合作创新能力，让学生分组各完成四道烹饪技法不同的生蚝菜品。黄同学的团队想到了烤、蒸、煮三种最常见烹饪技法，团队中来自广东的方同学想到了他家乡的生蚝烙，也称“蚝仔煎蛋饼”。这道菜原汁原味，鲜香味美，营养丰富。经过商议，他们团队决定最后做这道菜。

【任务目标】

知识目标：了解蚝肉的营养价值与作用。

技能目标：1. 能够掌握蚝肉的处理方法。

2. 能够掌握烹饪技法——“煎”的火候控制方法。

3. 能够掌握煎蛋饼的方法及技巧。

情感目标：1. 培养学生对煎的烹饪技法的学习兴趣。

2. 提高学生的团队合作能力及创新能力。

【任务实施】

1. 制作原料：

主料：蚝仔肉 250 克、鸡蛋 4 个

配料：葱姜末 3 克、红薯淀粉 15 克

调料：盐 3 克、鸡精 2 克、胡椒粉 2 克、料酒 10 克

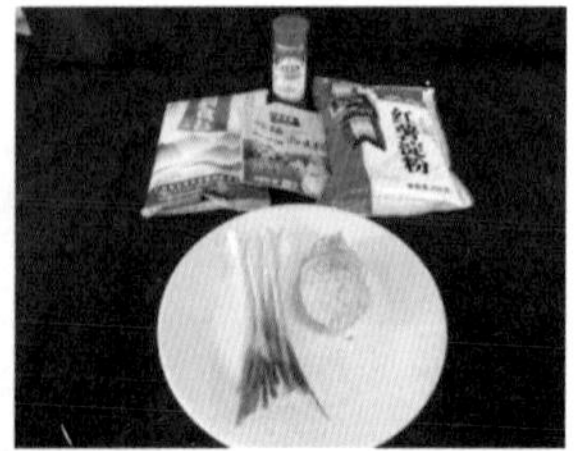

2. 制作过程：

（1）初加工：将蚝仔肉淘洗几次，动作轻柔，免得将蚝仔肉洗破了。鸡蛋打入大碗中，加盐、鸡精、胡椒粉、葱姜末、红薯淀粉（红薯淀粉先兑些水）打散打匀。

（2）焯水：锅中放水，加料酒烧开，倒入蚝仔肉焯水至初熟，捞出沥净水分。

（3）制生熟蛋液：热锅冷油，锅中下一半蛋液，炒熟倒回剩下一半蛋液的碗中，加入蚝仔肉拌匀。

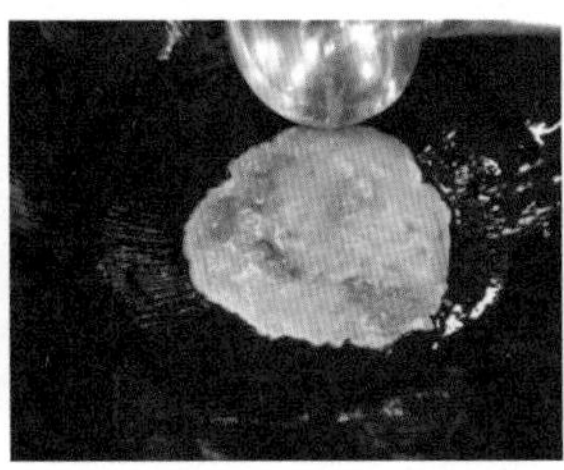

（4）煎制：热锅冷油，锅中留少许油，倒入蚝仔肉蛋液，摊开成大小合适的蛋饼，中小火煎至底面金黄（其间要不停晃锅，避免粘锅），再将蛋饼翻面，煎至金黄熟透即可出锅。

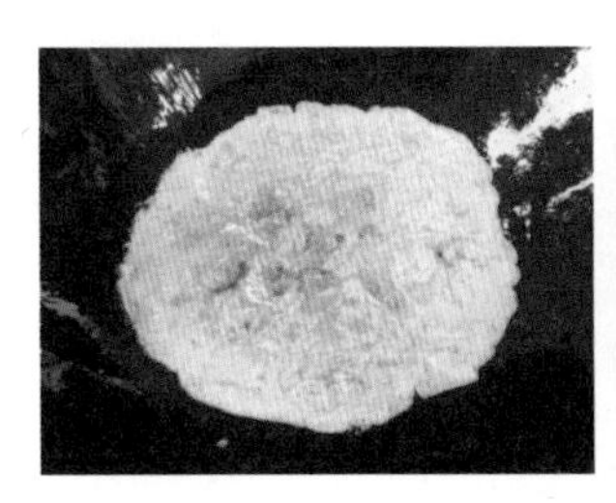
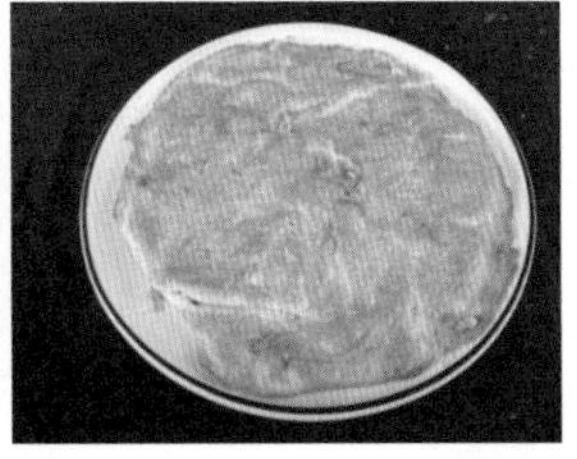

（5）改刀装盘：按要求改刀装盘点缀即可出品。

实训报告与知识链接

【成菜特点】

外香里嫩，鲜美可口，营养丰富。

【大师点拨】

1. 蚝仔肉要新鲜，否则会影响其口味及成品效果。
2. 在蛋液中加入红薯淀粉，会使蛋饼更加软糯鲜香。
3. 生熟蛋液混合，会使蛋饼更加容易成形。
4. 蚝仔肉营养丰富，但腥味较重，使用前需焯水去腥。
5. 如果没有红薯淀粉，用生粉代替也可以。
6. 红薯淀粉放入蛋液前先兑点水能使其更好地融入蛋液中。

【创意引导】

1. 食材的变化：煎蛋饼能搭配的原料很广，如蔬菜类、海鲜类食材，有些不易成熟的或本身味道比较重的食材，需要先焯水进行初成熟、去异味处理。

2. 烹饪技法的变化：蛋类原料适合多种烹饪技法，我们可以根据原料烹饪出不同口味的蛋类菜品，如“滑炒虾仁”“蚝仔蒸蛋”“韭菜炒鸡蛋”等。

任务四 盐焗南乳鸡中翅的制作

【任务情境】

付老板经营一家私房菜馆，一位湖南籍顾客想要尝尝粤菜特色的代表菜“盐焗鸡”。但此时湖南籍顾客只有3人，一只鸡太大，半只又不好操作，付老板急中生智，就拿煲汤用老鸡的鸡中翅按照盐焗鸡的做法把鸡中翅做成一道“盐焗南乳鸡中翅”，谁知客人尝了以后，倍加赞赏。鸡皮爽滑脆口，鸡味浓郁，十分有特色。

【任务目标】

知识目标：了解老鸡与嫩鸡的原料性质与使用细节要求。

技能目标：1. 能够掌握盐焗的烹饪技法的操作方法。

2. 能够掌握腌制的技术要领。

3. 能够掌握盐焗烹饪技法的火候控制技术细节。

情感目标：1. 培养学生对烹饪技法的探索与学习的兴趣。

2. 培养学生对粤菜做法、桂菜原料的融合创新能力。

【任务实施】

1. 制作原料：

主料：老鸡鸡中翅8个

配料：姜20克、葱10克、干沙姜10克

调料：盐1克、南乳1块、料酒6克、胡椒粉2克、盐焗鸡粉4克、粗盐1500克、八角半个、黄栀子2颗

工具：锡纸1张

2. 制作过程：

（1）初加工：洗净主配料，姜、葱加料酒抓出姜葱汁待用。

（2）腌制：将鸡中翅沥干水分，放入盐、盐焗鸡粉、胡椒粉、姜葱汁、八角、干沙姜，表面抹上黄栀子水腌制 20 分钟，用锡纸包裹好待用。

（3）炒盐：将粗盐放入锅中，用中小火炒至发热（拿手掌放在距离盐表面 10 厘米左右来测温度，如手掌明显感觉热度即可），也可把盐放入砂锅或微波炉中加热。

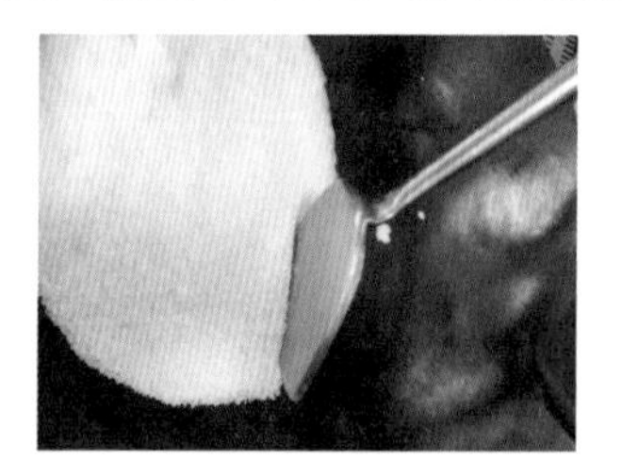

（4）盐焗烹制：把炒热的粗盐用勺取出 1/3 放入砂锅垫底，接着把锡纸包好的鸡中翅放入，再把剩下的粗盐盖在上面，盖上锅盖，用小火加热 3 分钟后关火焗制 20 分钟即可。

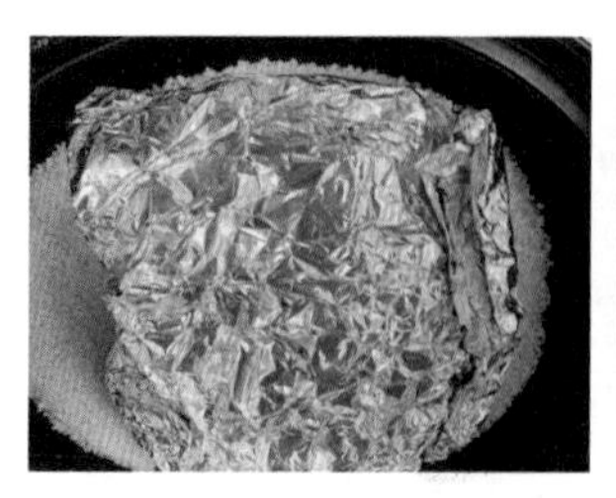

（5）装盘成菜：把鸡中翅取出，根据客人要求是否要改刀（盐焗鸡中翅一般不用改刀），装盘点缀即可出品。

【成菜特点】

实训报告与知识链接

香味浓郁，皮脆肉嫩，色泽黄亮。

【大师点拨】

1. 盐焗鸡中翅选料要选一年左右的老鸡鸡翅口感会更好，嫩鸡鸡中翅盐焗后皮不够脆。

2. 腌制时要先把鸡中翅沥干水分再腌制，这样出品会更香更入味。

3. 如要增加颜色可以适当抹上少许黄栀子的水，成品会变得金黄，让人更有食欲。

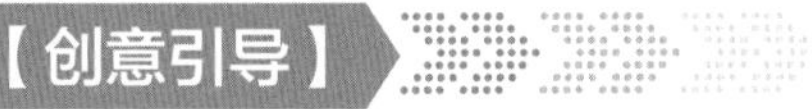

【创意引导】

1. 食材的变化：盐焗的烹饪技法可使不同食材的风味得到充分体现，既能使食材与盐焗的美味融合，又可提高菜品的档次，如盐焗鸭翅、盐焗鲍鱼等。

2. 造型的变化：通过增加菜品的外在加热方式，与餐饮业潮流的意境菜相融合，给顾客不一样的就餐体验，如“盐焗火焰鱼”“盐焗火焰香茅骨”等。

任务五 煎、焗的烹饪技法基本功任务考核

本单元的学习告一段落了，通过从易到难、从简到繁的形式我们学习了很多种中餐烹饪技法。在具体菜品的学习中，大家对新知识的学习很细致，技能掌握也比较到位，想必大家收获满满。同学们敢迎接新的挑战吗？光说不练假把式，请完成下面挑战吧！

请以小组（最多4人）合作模式，结合本学期所学烹饪技法与知识设计一份以桂南地区市民为对象（包括老人小孩共12人）的家庭团圆宴席菜单，定好每个菜的售价，完成下表。要求宴席荤素搭配，成本控制在400元以内，毛利率达到60%以上。注意菜单字迹字体的选用和整体美观度的呈现。

菜品名称		完成日期		表格填写人	
团队成员					
评分要素	细节描述		配分	自评得分	
菜单设计思路			20		
任务分工与合作			30		
菜单呈现			50		
设计能力评价		教师评分		自评总分	

模块三　综合技术应用与提升

单元一　花刀成形技术

任务一　花刀成形菜的认识与技术要求

什么样的菜品才叫花刀成形菜呢？花刀成形菜也称为象形菜。那要具备哪些特点才能归类为花刀成形菜？同学们能列举出哪些菜品供大家讨论？

以下菜品：“松鼠鱼”“清真素鸡”“大煮干丝”“菊花鱼”“文思豆腐羹”“鲍汁茭白花”“松果鱿鱼”“梳子腰花”“酸辣鸭胗球”“糖醋蓑衣黄瓜”“灯笼茄子”等，哪些是属于花刀成形菜？

带着这种好奇，我们来学习什么叫花刀成形。

花刀成形——就是指运用剞刀法在原料表面剞上横竖交错、深而不透的刀纹，然后放入汤水中直接成形，或者再经过加热处理，使原料卷曲成各种形象、美观、别致形状的成形手法。

技术要领：

1. 能根据菜品特点合理选用原料。
2. 能根据菜品特点合理选用剞刀法。
3. 能根据材料不同性质熟练运用刀法。

要游刃有余地做到以上几点，我们需要具备什么能力？带着自己的理解，开始具体的学习吧！

任务二　碧绿鱿鱼的制作

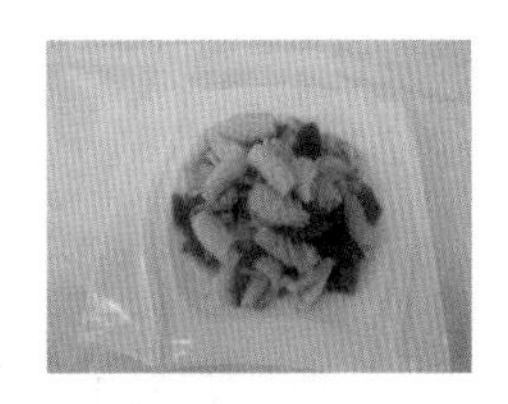

【任务情境】

“碧绿鱿鱼”是人们逢年过节、婚宴喜宴最喜欢的一道传统菜品，它不仅味道鲜美、营养丰富，还有特殊的含义，如：年年有“鱼”，处事游刃有“鱼”的美意。大年二十九，饭店厨师们都在忙碌地进行对干鱿鱼的清洗和泡发工作（干鱿鱼的泡发时间较长），准备好原料来制作年三十宴席中的碧绿鱿鱼这道菜。

【任务目标】

知识目标： 能说出鱿鱼的属性与营养成分。

技能目标： 1. 能够掌握干鱿鱼的选购技巧。

2. 能够掌握干鱿鱼的泡发技术。

3. 能够掌握麦穗花刀的刀法。

情感目标： 1. 培养学生对各种刀法的学习兴趣。

2. 提高学生对海鲜类菜品的创新制作能力。

【任务实施】

1. 制作原料：

主料：干鱿鱼 120 克

配料：青灯笼椒 100 克、红灯笼椒 30 克、姜葱蒜适量

调料：盐 3 克、鸡精 3 克、胡椒粉 1 克、蚝油 10 克、料酒 15 克、生粉 5 克、碱水 50 克

2. 制作过程：

（1）初加工：先将干鱿鱼用清水浸泡 2~3 个小时，待鱿鱼回软，再去除鱿鱼红衣及软骨后洗净，取 3~4 斤清水加入碱水 50 克，放入鱿鱼再浸泡 4~5 个小时，待鱿鱼干泡发膨胀松软后换水洗净，再用清水冲泡 2~3 个小时去除碱味待用。

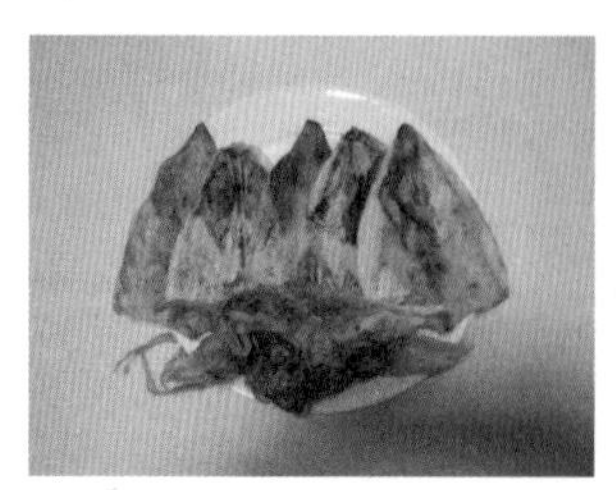

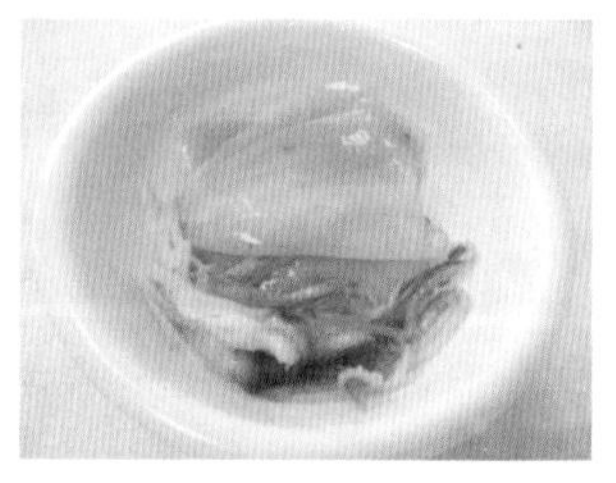

（2）切配：用麦穗花刀刀法在鱿鱼内侧打上花刀，再切成长 4~5 厘米、宽 2~2.5 厘米的长方块，青红灯笼椒改刀切成菱形片，葱切段，姜蒜切片待用。

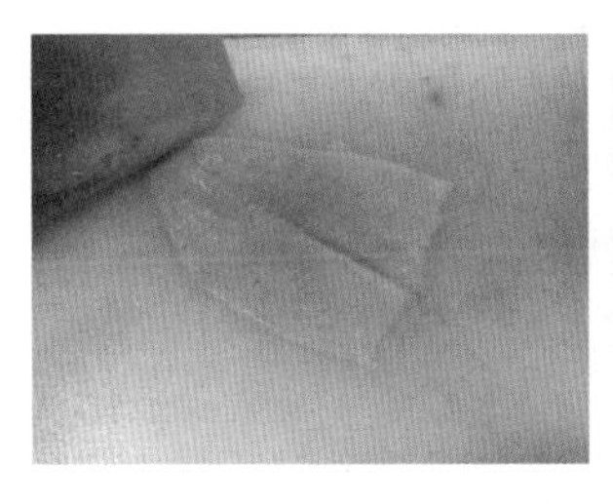 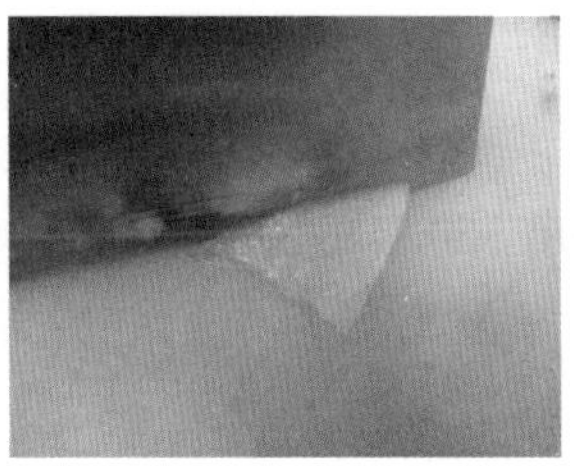 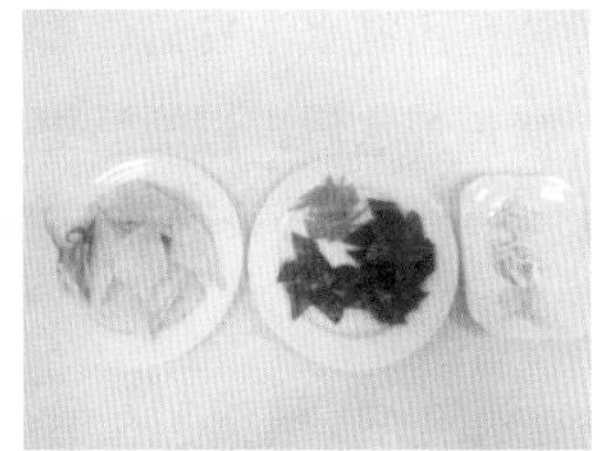

（3）焯水：锅中放水烧开，加入少许料酒，将鱿鱼、青红灯笼椒各自焯水捞出待用。

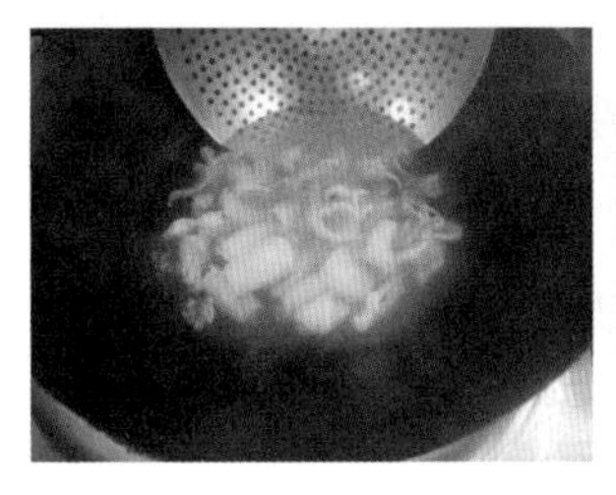 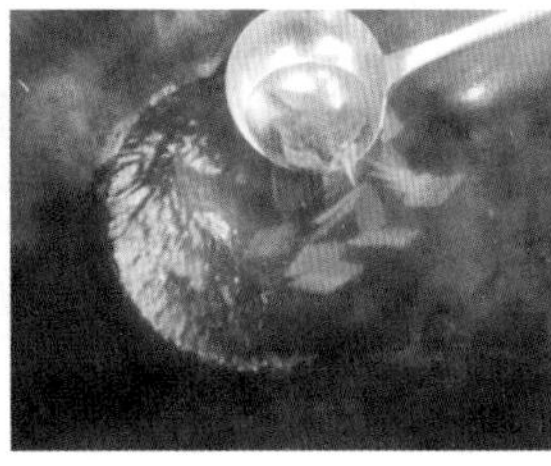 

（4）烹制：锅中放油烧至四到五成热，放入鱿鱼过油倒出。锅中留余油，将姜、葱、蒜爆香，倒入鱿鱼、青红灯笼椒翻炒，烹入料酒，用盐、鸡精、胡椒粉、蚝油调味，生粉水勾芡翻炒均匀，淋入尾油即可出锅。

 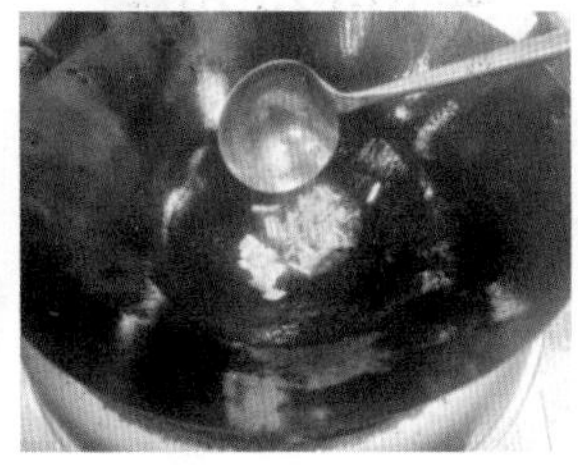 

（5）出品：按要求装盘点缀即可出品。

实训报告与知识链接

味道鲜香，口感爽嫩。

【大师点拨】

1. 鱿鱼用碱水泡发后，要用清水漂洗去碱味，否则会严重影响其口味。

2. 鱿鱼焯水后再过油能更好地去其腥味，增加香味。

3.120 克干鱿鱼最好能泡发出 350~450 克湿鱿鱼。

【创意引导】

1. 食材的变化：口味鲜香爽嫩的食材都适合清炒，此菜可以把原料换成河鱼、海鱼鱼片或墨鱼花枝片，味道同样鲜美爽滑。

2. 口味的变化：海鲜类食材适用于不同烹饪技法，酱爆的酱香味、白灼的原汁原味，煎炸的酥脆可口，如："XO 酱爆鱿鱼""白灼鱿鱼圈""香煎鱿鱼筒"等。

3. 造型的变化：改刀鱿鱼时可用灯笼花刀、梳子花刀、荔枝花刀等刀法变化造型。

豉椒炒鸡球的制作

任务三 爆炒腰花的制作

【任务情境】

厨房水台的小刘是刚从职校来酒店实习的实习生，今天上班后小刘很快就把水台的活处理完了，闲下来的时间他主动到砧板去帮忙。头砧师傅笑着对他说："今天有

个爆炒腰花，你帮我把猪腰切了吧，切麦穗花刀哦。”小刘迟疑了一下，快速地在脑海里回忆学校学过的花刀手法，然后很快完成了任务。“师傅，您看看合格了吗？”“好，切得不错啊，看来在学校的基础打得不错，接下来我们一起制作这道菜吧。”让我们跟着师徒俩去学习这道菜吧。

【任务目标】

知识目标： 1. 掌握刀工美化原料的刀法知识。

2. 了解烹饪技法“炒”的要点。

技能目标： 能熟练地在原料上剞出麦穗花刀。

情感目标： 培养学生的学习兴趣和探索精神。

【任务实施】

1. 制作原料：

主料：猪腰 500 克

配料：青尖椒 70 克、红尖椒 30 克、姜葱蒜 20 克

调料：盐 3 克、糖 3 克、蚝油 10 克、生抽 5 克、生粉 10 克、胡椒粉 1 克、醋 5 克、料酒 10 克、食用油 1500 克

2. 制作过程：

（1）青红椒改刀菱形，焯水备用。

（2）猪腰对半切开，把里面白色的“腰臊”用刀片净，然后在猪腰的内里剞上先

斜刀后直刀的麦穗花刀，每隔四或五刀切断为一个腰花。将腰花漂净血水，沥干水后用料酒、盐、胡椒粉、生粉抓匀上浆腌制。

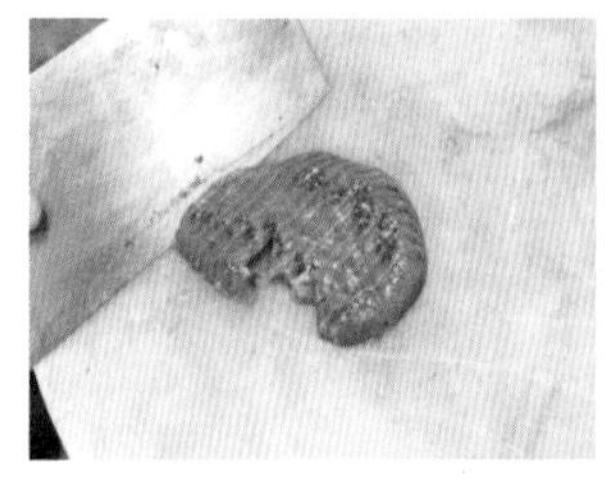
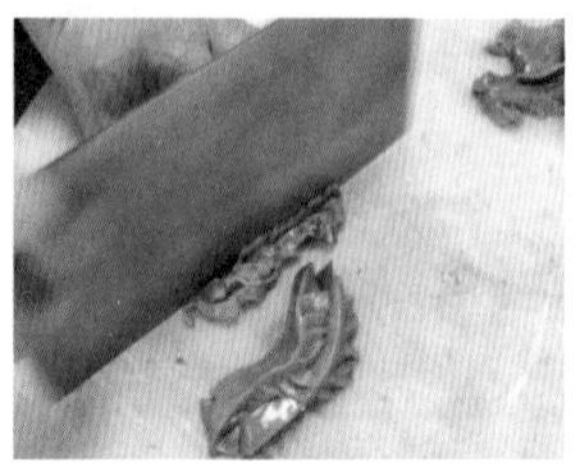

（3）用七成热油将腰花滑至八成熟，出锅。

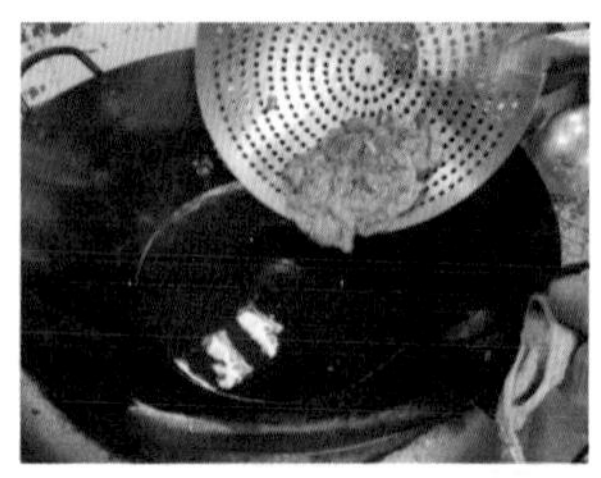

（4）锅留余油，爆香姜、葱、蒜，下青红椒和腰花翻炒并倒入碗芡（蚝油、生抽、醋、糖、胡椒粉、生粉水）；大火快速翻勺包紧芡汁出锅即可。

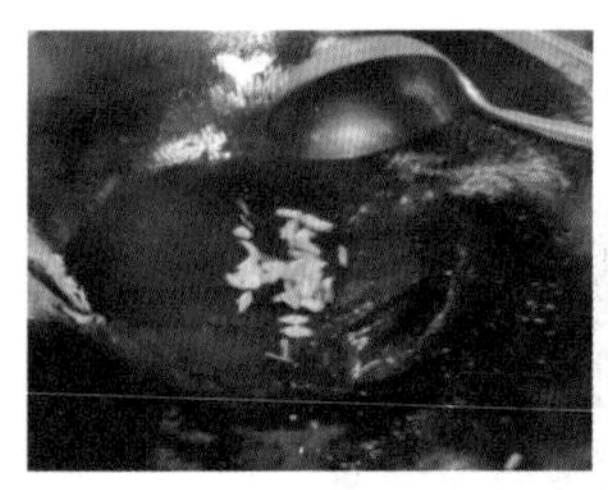

（5）出锅成菜。

【成菜特点】

口感脆嫩、咸鲜，荤素搭配合理，营养高。

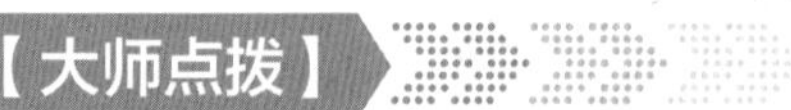

【大师点拨】

1. 剞花刀切至猪腰的 2/3 深即可，不可切穿猪腰。
2. 油温要高才能使腰花翻卷。
3. 成菜芡汁油润光泽，芡汁包紧，不泄汁水。

实训报告与知识链接

【创意引导】

1. 造型的变化：可使用灯笼花刀、梳子花刀、荔枝花刀等刀法对原料进行美化。
2. 食材的变化：可以用鱿鱼、墨鱼、猪肉、鱼肉等无骨且肉厚的食材。
3. 烹饪技法的变化：可用相同主料制作出宫保腰块、烩桃仁腰卷等不同菜品。

任务四 白灼肾球的制作

【任务情境】

鸭肾的铁含量较高，有补血的作用。808餐厅老板酷爱吃鸭肾，但他口味清淡，喜欢荤素搭配，店里的厨师都很了解。某天老板过来用餐，店里厨师为他准备了一道鸭肾菜品，广东名菜“白灼肾球”。

【任务目标】

知识目标：能说出鸭肾的特点与营养成分。
技能目标：1. 能够掌握十字花刀的技术要领。
2. 能够掌握白灼的烹饪要领。
情感目标：1. 培养学生对不同刀法的学习兴趣。
2. 提高学生对粤菜品做法的认识，以及对原料的融合创新能力。

【任务实施】

1. 制作原料：
主料：鸭肾 3 个（约 300 克）
配料：菜心 250 克、姜 15 克、葱 20 克、红灯笼椒 20 克
调料：盐 10 克、鸡精 3 克、胡椒粉 1 克、生粉 10 克、海鲜酱油 50 克、料酒 15 克

2. 制作过程：

（1）初加工：鸭肾放盐，用生粉搓洗掉黏液杂质，清洗干净，清洗菜心，去老硬根茎和老叶待用。

（2）切配：鸭肾先一开四，去掉部分白筋，用十字花刀改刀，再改刀成小件，菜心修剪出精华部分，姜、葱、红灯笼椒切丝待用。

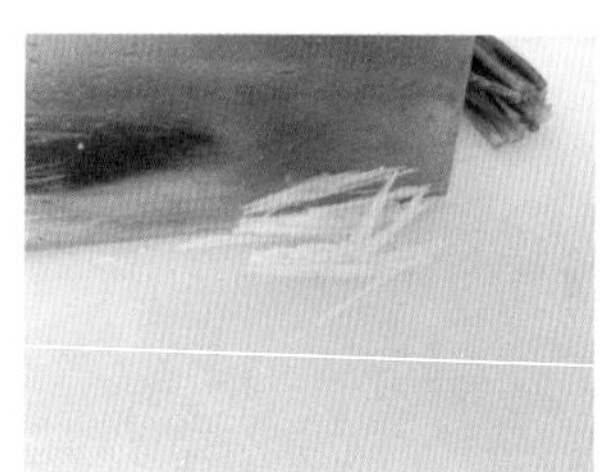

（3）腌制：切好的鸭肾加入盐、鸡精、胡椒粉、料酒、生粉腌制基本味。

（4）烹制：锅中放水烧开，加少许调和油，将菜心焯水至断生捞出垫于碟底。另起锅放水烧开加入姜片、料酒，放入鸭肾焯水成熟捞出，控干水分置于菜心上，将姜、葱、红灯笼椒丝码在鸭肾上，淋上热油，浇适量海鲜酱油即可。

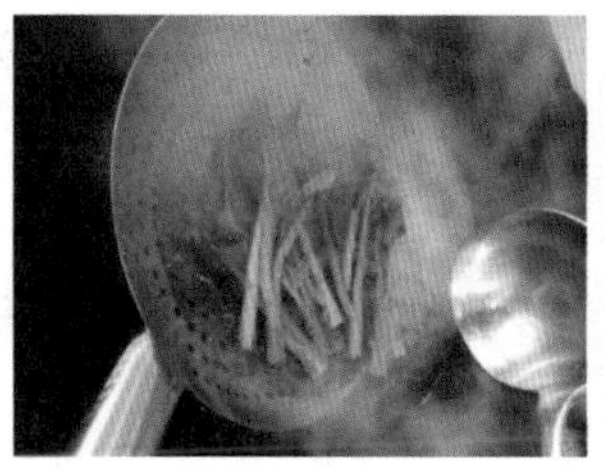

（5）出品：按要求点缀即可出品。

【成菜特点】

菜心爽脆，鸭肾鲜香嫩滑。

实训报告与知识链接

【大师点拨】

1. 鸭肾属于动物内脏原料，其黏液呈酸性，放盐、生粉能很快清洗掉黏液。
2. 鸭肾表面的白筋坚韧难咬，因此要去掉部分白筋，不然会影响其口感。
3. 鸭肾的腌制是其中关键之一，腌制能去腥，使鸭肾入味、口味滑爽。
4. 出锅后加姜、葱、红灯笼椒丝，淋热油能更好提高菜品的香味。

【创意引导】

1. 食材的变化：根据食材的变化，可制作出如“白灼鹅肠”“白灼牛光元”“白灼鱿鱼筒”等菜品。

2. 口味的变化：可以把海鲜酱油味型变化成蚝油味型、蒜香味型、酸辣味型、麻辣味型等。

任务五 XO酱爆花枝片的制作

【任务情境】

初秋时节，是盛产海鲜的季节，北海海岸酒店进了一批新鲜大墨鱼，用作北海港外资引入商谈会的会议用餐原料。酒店厨师接到任务后开始制订会议餐菜谱，墨鱼营养丰富，味鲜爽脆，是海中精品，一般多以清炒呈现菜品。但考虑到会议用餐级别高，酒店厨师决定搭配酱中精品XO酱，制作出一道“XO酱爆花枝片”。

【任务目标】

知识目标：1. 能说出墨鱼的特点与营养成分。
　　　　　2. 能说出XO酱的特点以及运用技巧。
技能目标：1. 能够掌握梳子花刀的刀工处理方法。
　　　　　2. 能够掌握运用XO酱爆的烹饪技法。
情感目标：1. 培养学生对酱爆烹饪技法的学习兴趣。
　　　　　2. 提高学生对海鲜类菜品的创新运用能力。

【任务实施】

1. 制作原料：

主料：墨鱼350克

配料：西芹100克、红灯笼椒50克、蛋清1个、姜葱蒜各5克

调料：XO酱30克、盐2克、胡椒粉1克、蚝油10克、料酒15克、生粉5克

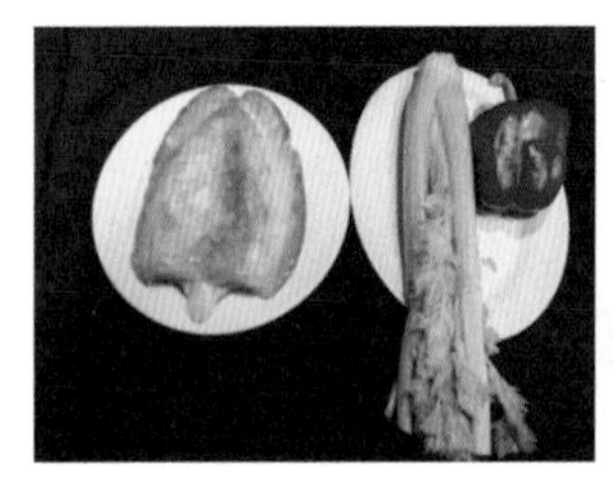

2. 制作过程：

（1）初加工：将墨鱼初加工取净肉，撕掉外面一层膜洗净，西芹刮去表面老筋洗净待用。

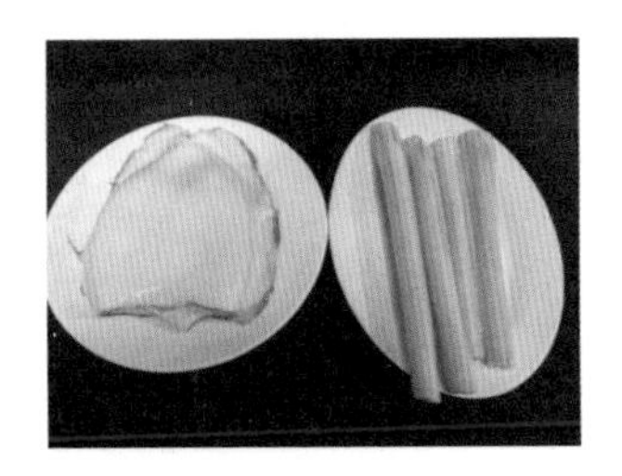

（2）切配：墨鱼顺长切成宽约6厘米的长方块，然后在墨鱼肉里侧打上梳子花刀，再片成宽3厘米、长6厘米的薄片。西芹顺长一开二，斜刀切成菱形片，红灯笼椒切菱形片，姜、蒜切片，葱切段待用。

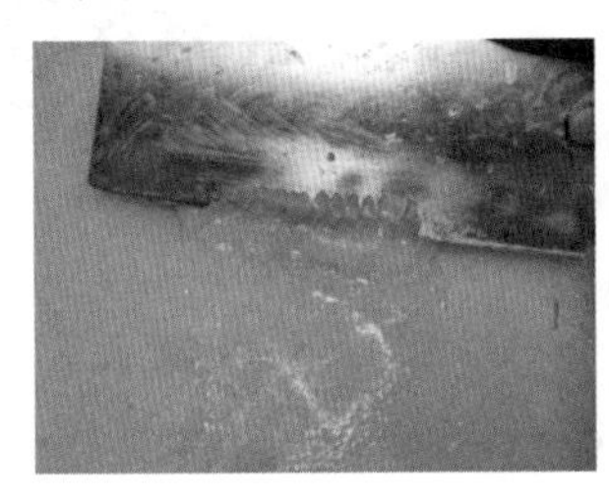
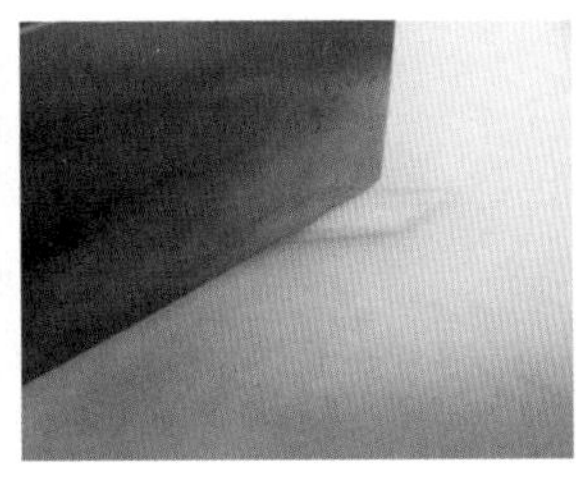
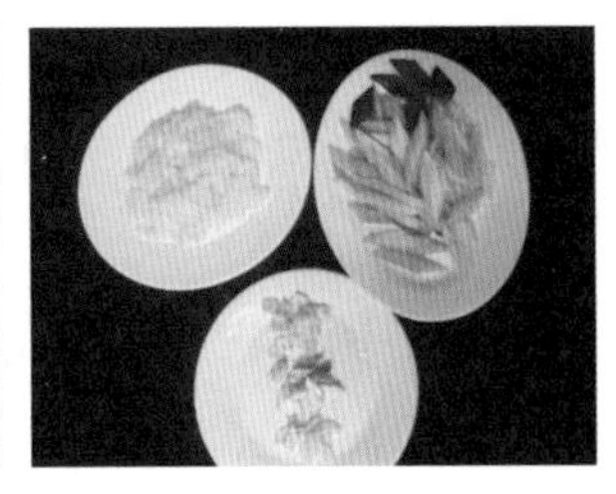

（3）腌制：将墨鱼片放入汤古中，加盐、胡椒粉、料酒、蛋清、生粉腌基本味。

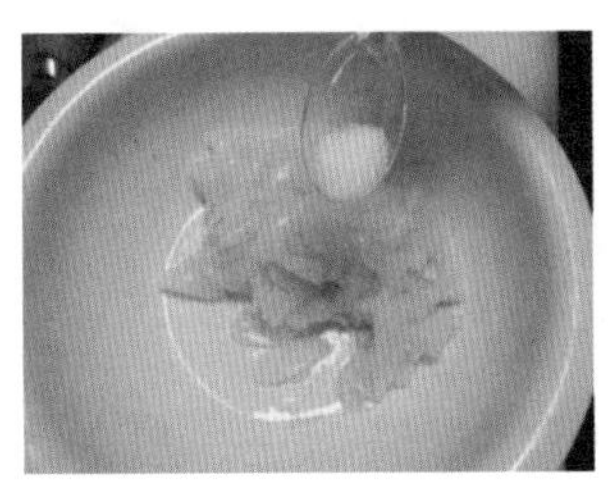

（4）烹制：锅中放水烧开，分别将墨鱼片、西芹、红灯笼椒片焯水过凉待用。热锅冷油，下料头、XO酱爆香，烹入料酒，放入主配料翻炒均匀，用盐、胡椒粉、蚝油调味，勾芡淋上尾油即可出锅。

（5）出品：按要求装盘点缀即可出品。

【成菜特点】

实训报告与知识链接

色泽油亮，酱香浓郁，口感脆嫩。

【大师点拨】

1. 原料选材一定要新鲜，花枝片可以搭配其他不同原料烹制。
2. 花枝片要片得薄而均匀，这样才会受热均匀，口感才会脆嫩。
3. 炒制菜品火候要精准到位，汁水要收紧，才能达到成品质量要求。

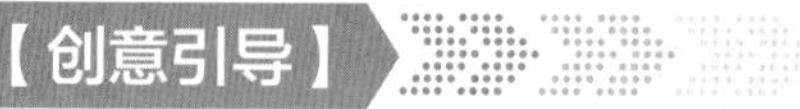

【创意引导】

1. 食材的变化：XO 酱特别适宜于鲜嫩原料的烹制，使之具有浓郁的海鲜香味。如：“XO 酱爆响螺片”“XO 酱爆北极贝”等。

2. 做法的变化：因为 XO 酱用料上乘，搭配烹制出来的食材口味非常鲜美，因此可以用于豆腐、蔬菜、米饭等比较清淡的食材中。如：“XO 酱蒸丝瓜”“XO 拌芦笋”等。

3. 盛器的变化：对于一些比较高档的菜品，我们可以以位菜方式上菜，位菜对食材、味型、餐具都比较讲究，因此一般在比较高档的酒店或会所的宴会中出现的比较多。

任务六 糖醋松鼠鱼（菊花鱼）的制作

【任务情境】

小张是一名刚入职的中餐厨师，从事砧板岗位，每天负责将在水台初加工后的原料进行深加工，即原料的改刀、腌制，然后根据点菜单进行主配料的搭配。有一天，厨师长下了一张筵席菜单，里面有一道菜是“糖醋松鼠鱼”，小张依稀记得在学校里老师曾经演示这道菜，如今对这道菜中用到的花刀技法有些记不清了，这回可要认真地再次学习了。

【任务目标】

知识目标：进一步学习刀工美化知识——松鼠花刀、菊花花刀。
技能目标：1. 本次课程后能够学会大型原料的刀工成形方法。
　　　　　2. 能正确和熟练剞出松鼠花刀或菊花花刀。
情感目标：激发学生探索和钻研烹饪技能的兴趣。

【任务实施】

1. 制作原料：

主料：新鲜草鱼 1 条（约 1000 克）

配料：鸡蛋 1 个

调料：醋 150 克（3.5 度白米醋）、糖 300 克、番茄酱 50 克、盐 10 克、生粉 100 克、食用油 1500 克

2. 制作过程：

（1）初加工：将草鱼宰杀洗净，卸下鱼头备用，沿着鱼脊骨下刀，用片刀法将两边鱼肉片开，去掉中柱骨，注意保持鱼尾和两片鱼肉相连，然后再片掉两边的鱼肋骨。

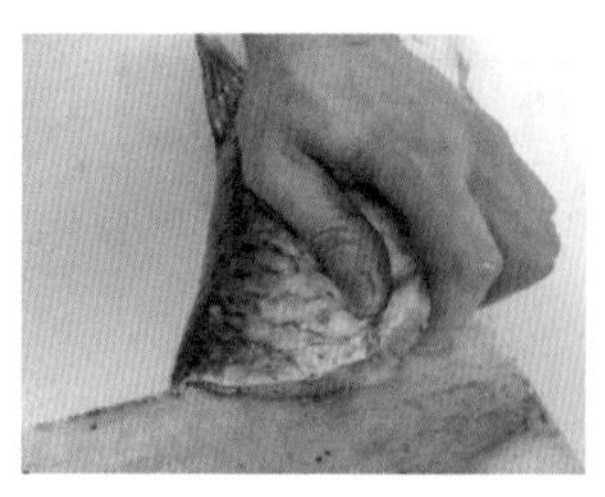
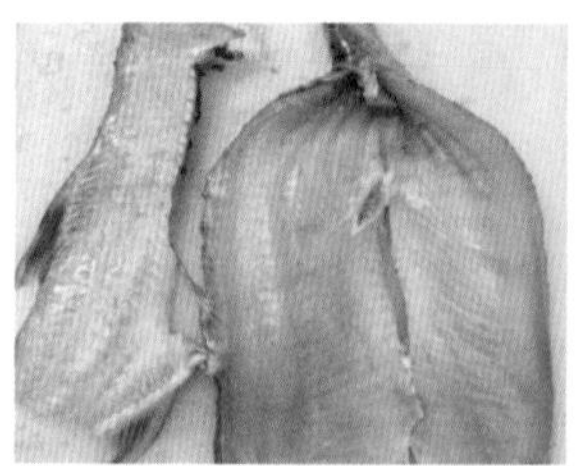

（2）制作糖醋汁：起锅烧油，将番茄酱炒出红油，然后将3.5度的白米醋和糖按1:2的比例放入锅中，再加入盐调味，加清水勾芡，烧至黏稠即可。

（3）松鼠鱼做法：

①鱼皮向下放在案板上，从一角开始，沿纵轴45°的角度斜刀45°切入间隔1厘米的刀口，换个角度垂直（或斜刀）再切入，与刚才的刀口形成十字花纹。注意要保留鱼皮完整，不穿刀烂皮。把剞好花刀的鱼放入清水中漂去血水，吸干水分后用盐、料酒腌制。

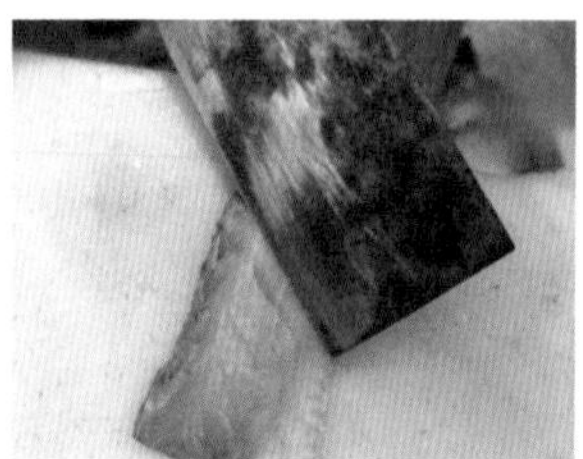
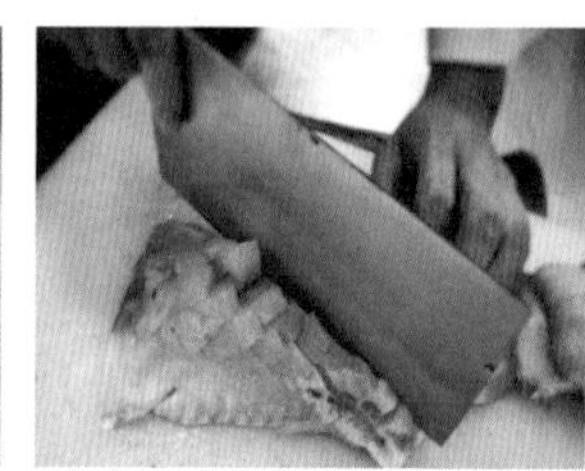
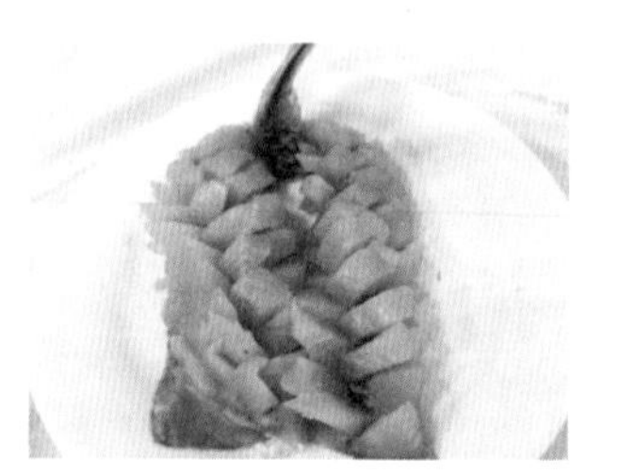

②用全蛋上浆，再用生粉均匀地裹满改好刀的鱼肉和鱼头上，轻柔地抖落多余的干粉即可。

③将鱼下五成热油锅中炸至定型成熟、色泽淡黄，捞起，再下入六成热油中复炸至金黄酥脆捞出沥油待用。

④出锅摆盘，淋上糖醋汁即成。

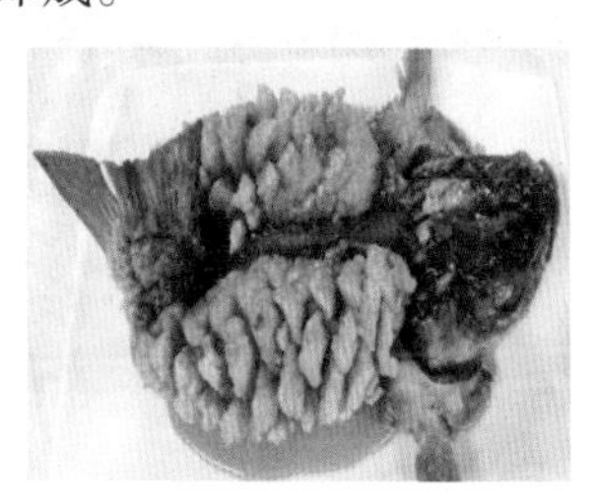

（4）菊花鱼做法：

①将已剔骨的鱼肉用抹刀法斜抹至鱼皮（不要切断皮）斜抹出 3~5 片一组相连的鱼片，再用直刀法切成连着鱼皮的“梳子状”鱼丝，即菊花鱼的坯子。将菊花鱼的胚子用姜葱酒汁腌制 5 分钟。

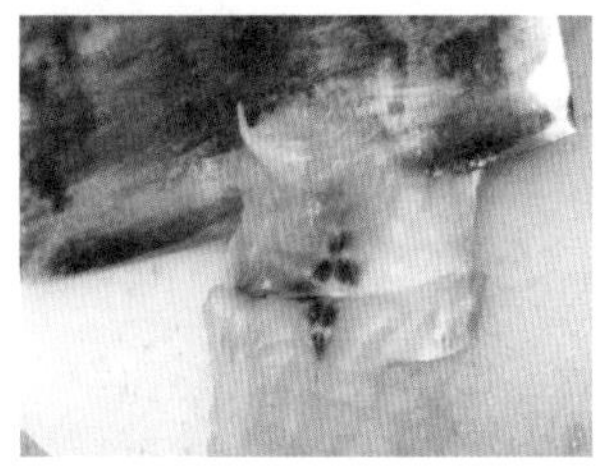
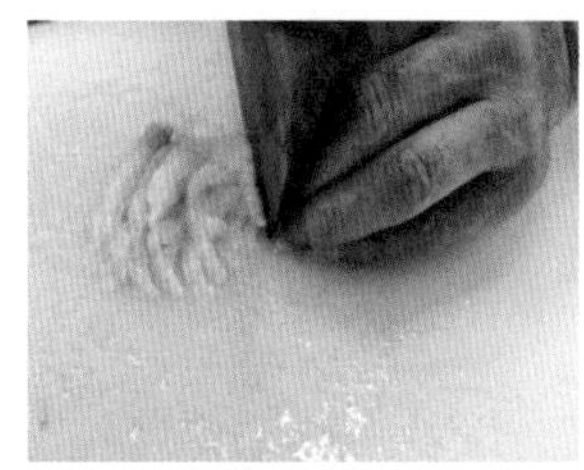

②用全蛋上浆，再用生粉均匀地裹满鱼丝，轻柔地抖落多余的干粉即可。

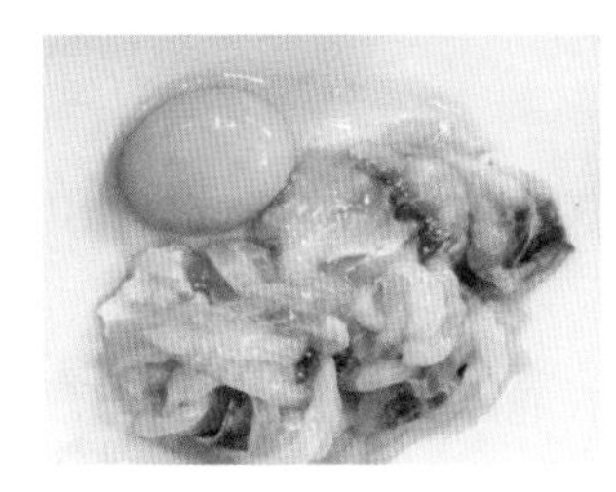

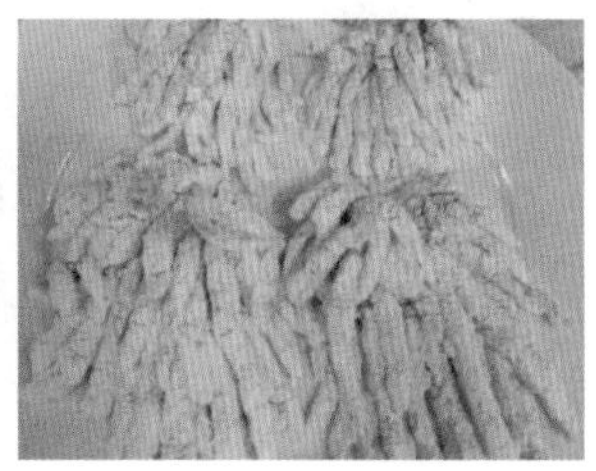

③将鱼下五成热油锅中炸至定形成熟、色泽淡黄，捞起，再下六成热油中复炸至金黄酥脆。

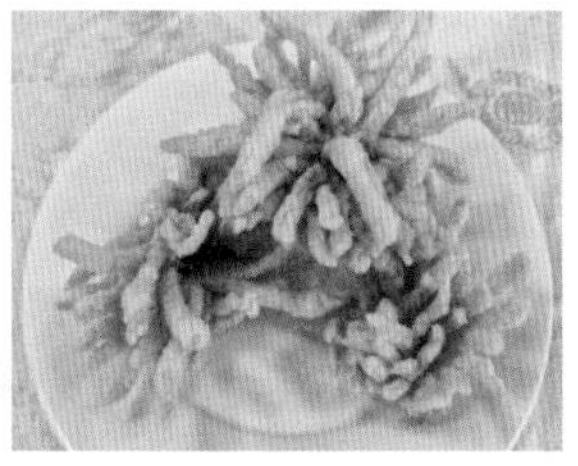

④出锅摆盘，淋上糖醋汁即成。

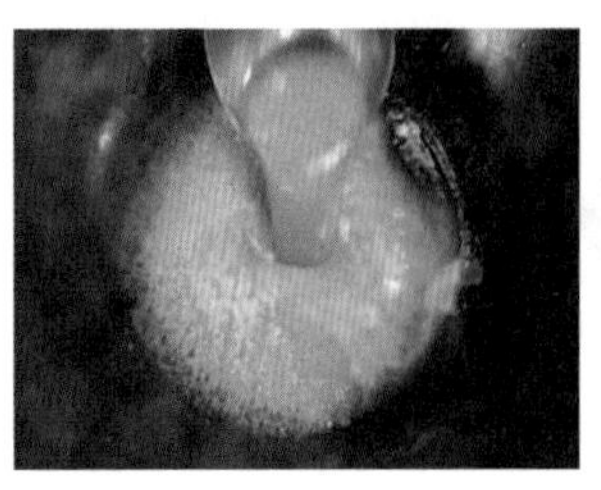  

【成菜特点】

实训报告与知识链接

造型美观，金黄酥脆，甜酸适口。

【大师点拨】

1. 松鼠鱼的花刀深至鱼皮，但不能烂皮穿刀；菊花鱼的鱼丝要细长整齐，鱼片越大鱼丝越长。

2. 炸制时油温要五成热以上，一定要二次下油锅复炸，复炸的油温要比第一次油温要高，才能使口感酥脆不油腻。

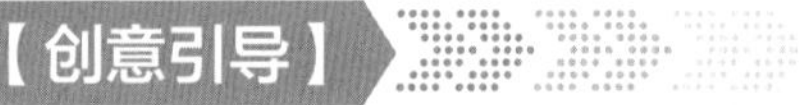

【创意引导】

1. 食材的变化：鸡胗、鸭胗、鹅胗、里脊肉等无骨且肉厚的原料均可以使用菊花花刀改刀，制作出菊花胗、荔枝肉等。

2. 花刀的变化：不同的原料还可以剞出麦穗花刀、荔枝花刀、蓑衣花刀、梳子花刀、灯笼花刀、兰花花刀。

3. 口味的变化：制作本菜的糖醋汁时加入橙汁则可以调出黄色的橙香糖醋汁。

任务七　花刀成形基本功任务考核

在烹饪行业中，餐饮企业对花刀技术的运用非常重视，它能提高菜品的档次，继而能提高菜品的售价，为餐饮企业创造利润。评价一个厨师的技术水平高低，就是从其制作的菜品呈现的效果和顾客满意度方面体现的。想要得到好的菜品效果和顾客满意度，厨师需具备扎实的基本功（选料能力、刀工、烹饪技法、调味能力、装盘创意）。

同学们，你们对做好一份花刀成形菜有多大的把握呢？我出题你们来做怎么样？老师相信你们有能力完成本次任务，加油吧大家。

以小组（4人）合作形式，设计制作一款以鱼肉为主料的菊花鱼菜品，配料根据各小组自己的菜品定位自由选择。菜品以活鱼为原型，要求制作两条及以上，合理选用盛器，装盘成菜要有意境。任务需配图5张（4张过程图，1张成品图）及以上，图片以“小组长名字＋组”的形式命名，完成下表，并将所有材料打包发给老师考核。

菜品名称		完成日期		表格填写人	
团队成员					
评分要素	细节描述			配分	自评得分
装盘设计思路				15	
任务分工与用时分配				15	
菜品选料				5	
刀工成形				20	
腌制入味				5	
油温运用				5	
干粉选择与使用				5	
初步熟处理				5	
酸甜汁调制				10	
菜品装盘				10	
卫生习惯				5	
设计能力评价		教师评分		自评总分	

单元二　八大菜系与地方代表菜品制作

任务一　八大菜系与地方饮食文化认识

我国最早的地方菜分为北方菜与南方菜。随着秦汉巴蜀和闽粤地区对美食的开发，地方菜系增多；两宋时，繁荣的餐饮业出现“南食”“北食”“川食”三大类；清朝康熙乾隆六下江南，“淮扬菜”出名；鸦片战争后，受西方影响较大的粤菜自成一格，脱颖而出；到清末民初，中国菜系才大致形成眉目。

流域与菜系：黄河水孕育出鲁菜；长江的上游有川菜；中下游则有淮扬菜；珠江流域造就了粤菜；湘菜源于湘江；徽菜出自淮河；钱塘江边有浙菜。

【形成因素】

一、习俗原因

菜系形成受当地的物产和风俗习惯影响，如中国北方多牛羊，常以牛羊肉做菜；中国南方多产水产、家禽，人们喜食鱼、禽肉；中国沿海多海鲜，则常以海产品做菜。

二、气候原因

各地气候差异形成不同饮食口味偏好。一般说来，中国北方寒冷，菜品以浓厚、咸味为主；中国华东地区气候温和，菜品则以甜味和咸味为主；西南地区多雨潮湿，菜品多用麻辣浓味。

三、烹饪技法

各地烹饪技法不同，形成了不同的菜品特色。如山东菜、北京菜擅长爆、炒、烤、熘等；安徽、江苏擅长炖、蒸、烧等；四川菜擅长烤、煸炒等；广东菜擅长烤、焗、炒、炖、蒸等。

【烹饪历史】

一、宋代

北甜南咸。早在宋代的时候，中国各地的饮食已经有了区别。《梦溪笔谈》中记录到：“大底南人嗜咸，北人嗜甘。鱼蟹加糖蜜，盖便于北俗也。”在当时，中国的口味主要有两种，北方人喜欢吃甜的，南方人喜欢吃咸的。当时中国没有麻辣口味，因为辣椒还没有传入中国。到了南宋的时候，北方人大量移民南方，于是，甜的口味逐渐传入南方。

二、明代

京苏广三式。南宋时候，北方人大量南迁。北方的饮食文化逐渐影响了南方，在南方地区形成了自己的派系。到了明代末期，中国饮食分为京式、苏式和广式。京式偏咸，苏式、广式偏甜。

三、清代

四大菜系。到了清代的时候，徐珂所辑的《清稗类钞》中记载："肴馔之各有特色者，如京师、山东、四川、广东、福建、江宁、苏州、扬州、镇江、淮安。"后来概括为鲁、川、粤、苏四大菜系。

四、民国

八大菜系。民国开始，中国各地的文化有了相当大的发展。川式菜系分为川菜和湘菜，广式菜系分为粤菜、闽菜，苏式菜系分为苏菜、浙菜和徽菜。因为川、鲁、粤、苏四大菜系形成历史较早，后来，闽、浙、湘、徽等地方菜也逐渐出名，就形成了中国的"八大菜系"。后来最有影响和代表性的也最为社会所公认的菜系有：鲁、川、粤、苏、闽、浙、湘、徽八菜系，即人们口中的中国"八大菜系"。

一个菜系的形成和它悠久的历史与独到的烹饪特色是分不开的，同时也受到这个地区的自然地理、气候条件、资源特产、饮食习惯等影响。有人把"八大菜系"用拟人化的手法描绘为：鲁菜如同讲究礼义廉耻的士人；川菜、湘菜就像内涵丰富充实、才艺满身的江湖术士；粤菜、闽菜宛若风流儒雅的公子；苏菜、浙菜和徽菜好比清秀素丽的江南美女。

任务二　水煮牛肉的制作

【任务情境】

一天，成都某餐厅来了位老客人，指定要吃"水煮牛肉"。菜单下到了后厨砧板岗位的头砧范师傅手上。范师傅打开冰箱拿出一块牛肉，交给同为砧板岗位四砧的小王师傅，并交代他将肉改刀切成薄片并上浆腌制，然后再去准备郫县豆瓣酱、干辣椒与干花椒。一切准备就绪，如何制作一道又麻又辣、鲜香浓郁的经典水煮牛肉，还要自己动手才行哦……

【任务目标】

知识目标：了解川菜的特点和知识典故。

技能目标：1. 掌握牛肉的腌制方法。

2. 能正确调制出川菜的麻辣味型。

情感目标：培养学生对中国烹饪饮食文化的兴趣。

【任务实施】

1. 制作原料：

主料：牛里脊肉 250 克

配料：黄豆芽 120 克或生菜 200 克、粉丝 100 克、葱姜蒜适量

调料：盐 6 克、郫县豆瓣酱 25 克、淀粉 5 克、干辣椒 20 克、刀口辣椒 30 克（干辣椒 25 克 + 干花椒 5 克）、生抽 10 克、酱油 15 克、鸡精 3 克、胡椒粉 2 克、食用油 200 克、水 600 毫升

2、制作过程：

（1）制作刀口辣椒，炒锅上火放少许油，放入 25 克干辣椒、5 克干花椒中小火炒至辣椒酥脆，变枣红色，倒出吸油，用刀剁碎。

（2）牛肉洗净，切成约5.4厘米长、2.5厘米宽的薄片，放入淀粉浆，加入少许盐、生抽、胡椒粉和鸡精上浆抓匀至起劲，放入少许食用油封面，放入冰箱冷藏待用。

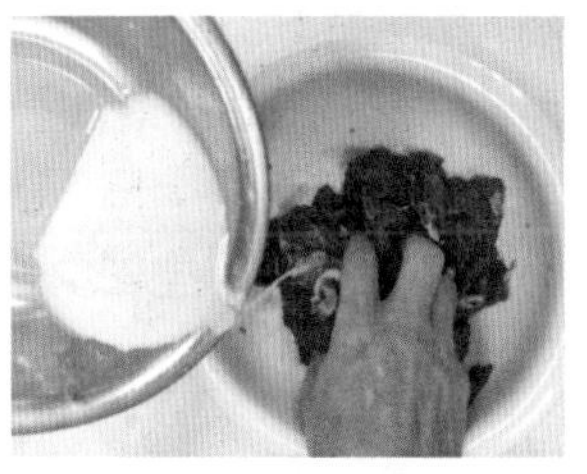
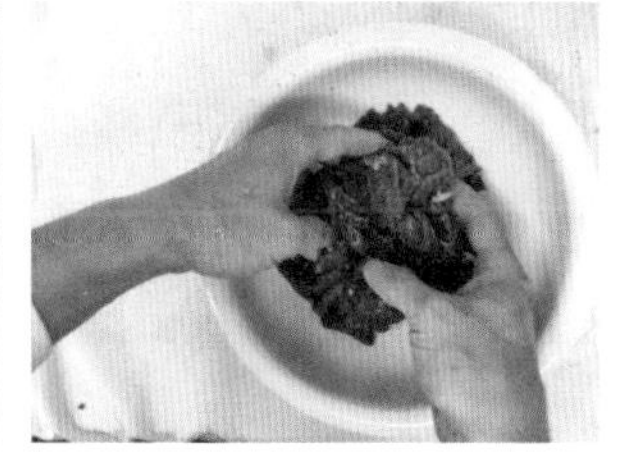

（3）姜、葱、蒜切末，剩下的干辣椒切段，黄豆芽洗净备用。

（4）锅烧热后倒油，油要偏多点。油五成热时，放入豆瓣酱小火煸香出红油，然后放入姜、蒜继续煸香，加水，放少许酱油、鸡精调味，煮开后，用淀粉水勾薄芡。

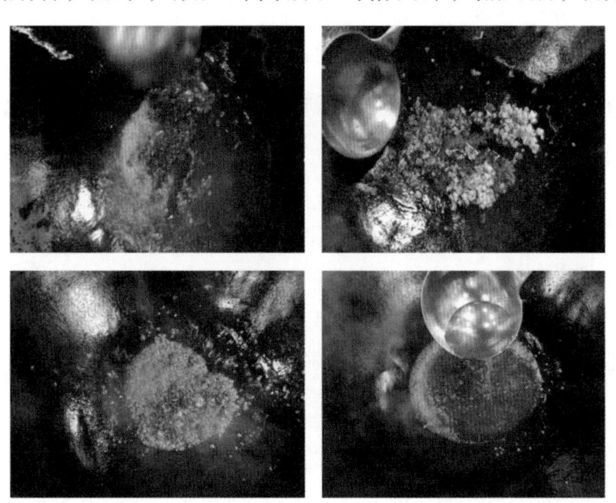

（5）将豆芽入汤汁内烫熟出锅装碗，再将牛肉片倒入汤汁中划散煮开，牛肉片卷起变色出锅，倒入装有黄豆芽的碗中。

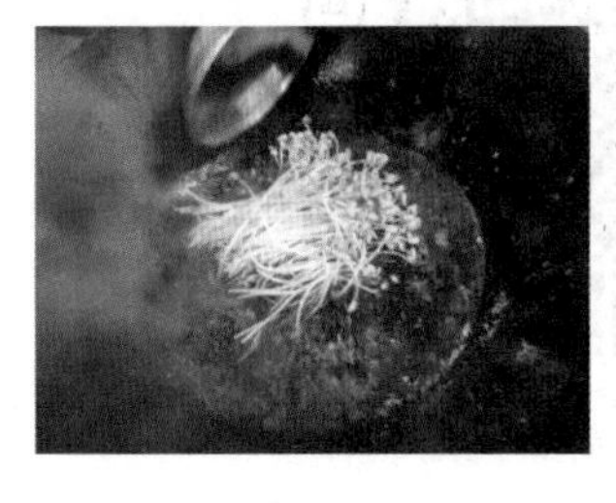
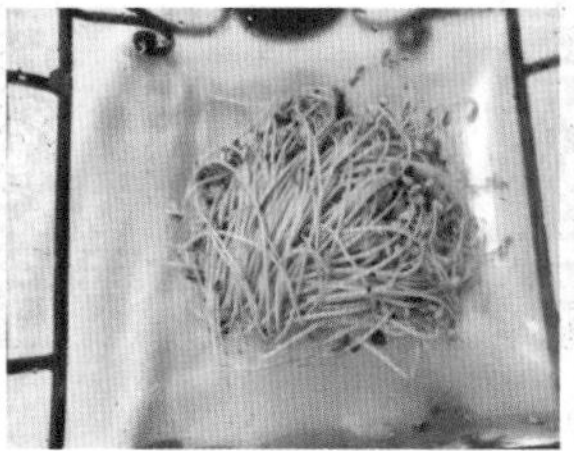
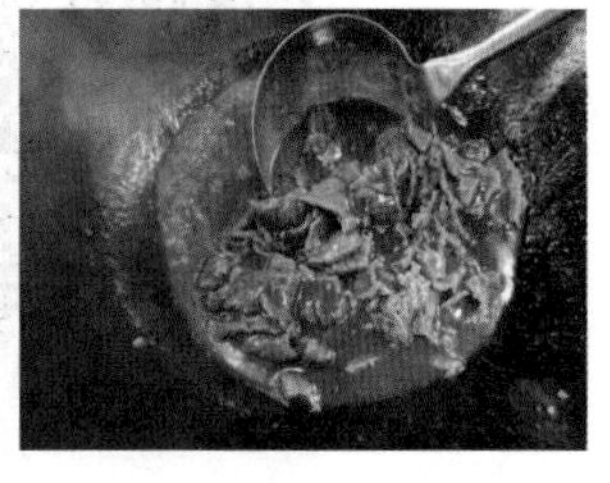

（6）撒上刀口辣椒、葱花，淋上 80 克的热油（200℃）即可出品。

【成菜特点】

实训报告与知识链接

肉质滑嫩、咸鲜醇厚，突出了川菜麻、辣、烫的独特风味。

【大师点拨】

1. 主料选用无筋的牛里脊肉或腱子肉，肉片上浆腌制时生粉要够。

2. 肉片划散后下锅不宜马上搅动，以免脱浆。

3. 最后淋在菜品面上的热油温度一定要七成热，这样才能激发出干辣椒、干花椒的香味，体现出此菜的风格特点。

4. 刀口辣椒是水煮系列菜品的灵魂。刀口辣椒最好选用产自成都的二荆条干辣椒，产自汉源的干花椒，干辣椒和干花椒的比例是 5:1。炒制时应注意少油中小火慢炒至干辣椒呈枣红色，表皮酥脆时最香。

【创意引导】

1. 食材的变化：根据食材不同，可以制作出水煮肉片、水煮鱼片、水煮海鲜全家福等菜品。

2. 盛器的变化：可以使用古鼎或者精致位上窝碟，提高菜品品质及档次。

新疆大盘鸡的制作

西湖醋鱼的制作

任务三　麻辣小龙虾的制作

【任务情境】

近年来，到处都在流行吃“麻小”，即“麻辣小龙虾”。中职烹饪二年级的黄同学很想学会制作这道流行菜，由于还没开始实习，而且年龄较小没法出去打工，他就自己到处打听怎么可以学做这道菜。恰好，下周烹饪老师上课要演示这道菜，烹饪老师在班级群里给出了关于麻辣小龙虾的教案和原料的采购计划，里面除了小龙虾，还有辣椒、花椒等五六种香料，还有各种调料不下10种，这么多的原料怎么做出又香、又麻、又辣的小龙虾呢？一起来学习和实操一下吧……

【任务目标】

知识目标：1. 掌握利用多种调味品调制复合味型的方法。

2. 掌握选购、处理淡水虾类的方法。

技能目标：1. 能够学会调制复合味型的麻辣味型。

2. 能够独立完成麻辣小龙虾的制作。

情感目标：培养学生的创新能力和思考能力。

【任务实施】

1. 制作原料：

主料：小龙虾800克

配料：干辣椒50克、花椒40克、香料（八角、香叶、小茴和砂仁各6克）、姜葱蒜各15克、啤酒200克

调料：海鲜酱15克、郫县豆瓣酱25克、盐3克、胡椒粉2克、生粉6克、生抽15克、白糖5克、料酒20克、香油2克、辣椒油5克、花椒油3克、食用油1500克、啤酒200克

2. 制作过程：

（1）将小龙虾用水冲洗数次，再用刷子刷洗虾的背部、腹部、头部，再用加了少许醋的水（加盖）浸泡 5~10 分钟，取出虾肠并切去部分头，清洗备用。

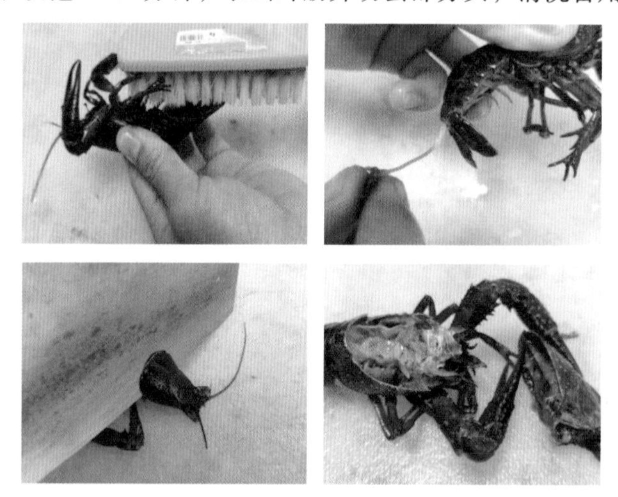

（2）姜切大片，蒜拍松，葱扎成结；小龙虾下六成热油锅过油，捞起待用。

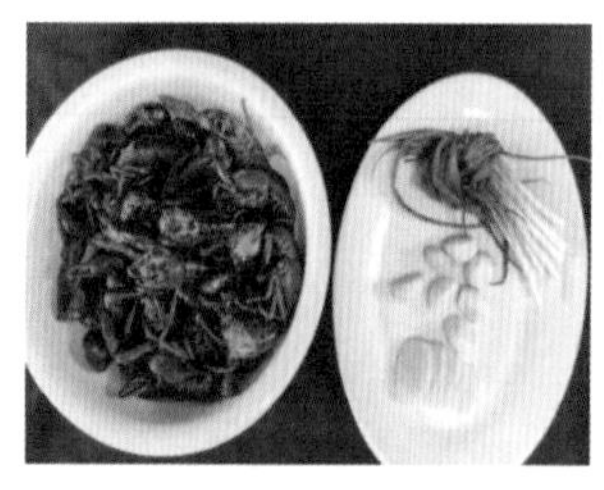

（3）锅留余油，小火炒香干辣椒、花椒、香料、姜、蒜、葱，再放豆瓣酱炒出红油。

（4）放入啤酒、清水（或二汤），调味（盐、料酒、生抽、海鲜酱）后倒入小龙虾翻锅炒匀，中火烧 3~5 分钟后，大火收汁（挑出姜片、葱结、蒜块及部分香料），勾薄芡，最后加入香油、花椒油、辣椒油、胡椒粉翻匀即可。

（5）出锅装盘成菜。

实训报告与知识链接

【成菜特点】

鲜、香、麻、辣，味道醇厚浓香。

【大师点拨】

1. 小龙虾要用刷子洗刷（尤其是腹部），加热时一定要使其完全熟透（因小龙虾身上有较多细菌）。

2. 将刷干净的小龙虾用有少许醋的水浸泡可去除异味。

3. 烹制小龙虾放入啤酒的作用是去腥、嫩肉和增香。啤酒中的酒精可以将小龙虾中的醛、酮、含硫化合物等腥味物质先溶解。加入啤酒后汤汁呈弱酸性，这种弱酸性环境可以提高肉类中蛋白质的持水性，同时啤酒能促进肉的组织细胞软化，破坏肌纤维细胞膜、基质蛋白以及其他物质，使得肉的纤维结构更疏松，也就是会让虾肉口感更嫩更软。经过焖煮，啤酒里的酒精挥发掉了，剩下的是麦芽汁和啤酒花带来的香味。

【创意引导】

1. 口味的变化：根据味型的变化，可制作“十三香小龙虾”“蒜香小龙虾”“酱爆小龙虾”等菜品。

2. 食材的变化：很多食材都适合用烹制小龙虾的方法来制作，制作出如“香辣肥肠”“四川冒菜”“麻辣烫”等菜品。

红烧狮子头的制作

任务四 歌乐山辣子鸡的制作

【任务情境】

由于川菜的流行，海航大酒店餐饮部请来了一位四川大厨传授川菜，“歌乐山辣子鸡”是其中的一道。演示开始，砧板的刘师傅帮四川大厨将鸡砍成块，接着将一碗干辣椒切成段，这一碗红辣椒看得众人面面相觑，这么多辣椒！炉灶的白师傅在想，这么多的辣椒，要怎么让这道菜的鸡块既入味又香辣，而且辣椒又不会炒黑啊！大厨就是大厨，干净利落就完成了出品，让在场的厨师都很佩服。想学的话，一起动手做吧……

【任务目标】

知识目标：1. 学习如何用川派做法将干辣椒的香味和辣味充分地激发出来。

2. 掌握川菜各种味型的调制技术及鉴别方法。

技能目标：1. 正确掌握火力、油温的调控方法。

2. 正确掌握腌制的方法。

情感目标：培养学生独立思考能力和敢于探索的精神。

【任务实施】

1. 制作原料：

主料：嫩土鸡半只（约 500 克）

配料：干辣椒 50 克、花椒 15 克、姜葱蒜各 10 克、白芝麻 2 克

调料：盐 3 克、糖 2 克、胡椒粉 3 克、鸡精 2 克、生粉 6 克、生抽 6 克、料酒 20 克、食用油 1500 克

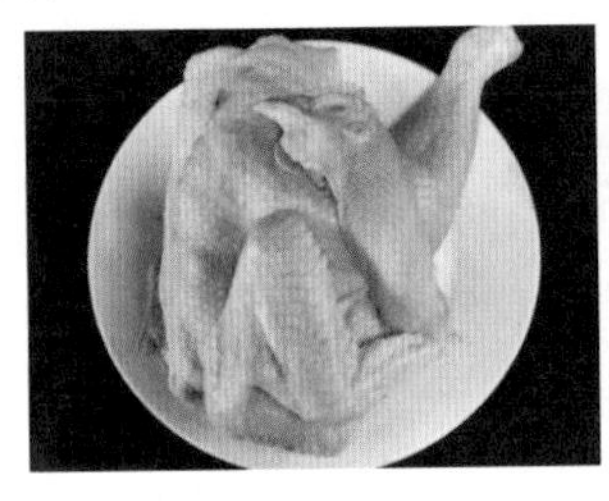  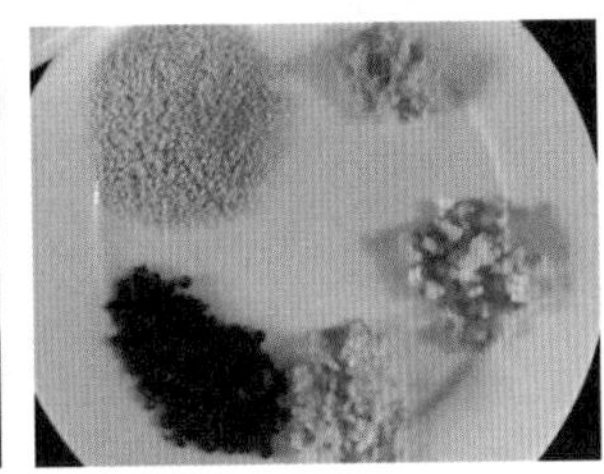

2. 制作过程：

（1）将鸡剁成约 2 厘米见方的小块，放入盐、鸡精、胡椒粉、料酒和少许生粉，拌匀后腌 20 分钟。

（2）将干辣椒剪成 2 厘米长小段，姜、葱、蒜切成粒，备用。

（3）起油锅，烧至七成热，倒入腌好的鸡块炸熟且表面金黄香脆，捞起沥油。

（4）锅留余油，同时倒入干辣椒段、花椒和姜蒜粒，小火爆出麻辣香味，当干辣椒呈棕红色时，倒入炸好的鸡块，烹入料酒，放糖、兑入少许水的生抽，中火快速翻炒，撒入葱花和白芝麻再翻匀即可出锅。

（5）出锅成菜。

【成菜特点】

实训报告与知识链接

外香脆，内软嫩，口味麻辣酥香。

【大师点拨】

1. 炸前腌鸡块时，要一次性把盐放够，因为鸡块炸过后表面变干就无法再入味，必须提前腌制入味。

2. 炸鸡块的油要烧得足够热，使鸡块外皮迅速炸干变酥脆，这样炸出的鸡块外焦里嫩。油不够热的话，炸多久鸡块外皮都炸不焦，但里面的肉可能已经炸老了。

3. 这道菜需要较多的干辣椒、花椒，为了原汁原味地体现这道菜的特色，成品最好是干辣椒和花椒能把鸡块盖住，而不是鸡块中零星有几个干辣椒和花椒。

【创意引导】

1. 食材的变化：本菜原料食材可变化成掌中宝、小排、牛蛙、杏鲍菇等，用同样的烹饪技法将这些食材制作成干香麻辣口味。

2. 烹饪技法的变化：将烹饪技法改为煮，调料不变，经熬煮即为麻辣火锅的底汤。

任务五　毛氏红烧肉的制作

【任务情境】

湖南韶山旅游区毛家酒店来了一批上海游客，在制订就餐菜谱时酒店厨师安排了一道有意义的名菜“毛氏红烧肉”，这道菜也是毛主席特别喜欢吃的一道菜。毛氏红烧肉不仅紧扣着当地旅游文化典故，也代表着人民对毛主席的怀念之意。毛氏红烧肉味道浓郁、微甜，正好符合上海游客的口味。

【任务目标】

知识目标：能说出毛氏红烧肉的典故及特色。

技能目标：1. 能够掌握焦糖的炒制方法。

　　　　　2. 能够掌握毛氏红烧肉的烹饪要领。

情感目标：1. 让学生了解毛氏红烧肉的历史及典故。

　　　　　2. 提高学生对湘菜菜品的兴趣。

【任务实施】

1. 制作原料：

主料：五花肉 600 克

配料：上海青（或西兰花）300 克、姜葱少许

调料：白糖 50 克、盐 6 克、胡椒粉 1 克、生抽 15 克、蚝油 10 克、料酒 50 克、陈皮 3 克、八角 1 粒、干辣椒 10 克

2. 制作过程：

（1）初加工：将五花肉切成 2.5 厘米见方的块，上海青洗净，改刀成菜胆，姜切片，葱打成结待用。

（2）焯水：锅中放水烧开，将五花肉焯水去掉血腥味，捞出控干水分，菜胆焯水冲冷待用。

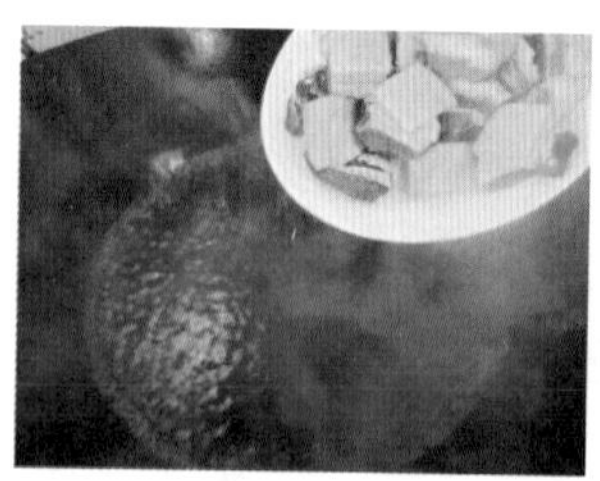 

（3）初加热：热锅冷油，将姜葱爆香，放入五花肉煎炒至微微焦黄，去掉多余油脂待用。

（4）烹制：热锅冷油，放白糖，慢火将白糖炒成焦糖色，倒入五花肉翻炒至上色，烹入料酒，加上适量水、陈皮、八角、干辣椒，用三味、生抽、蚝油调味，大火烧开后转小火烧制 50~60 分钟至肉酥烂汁浓即可出锅。

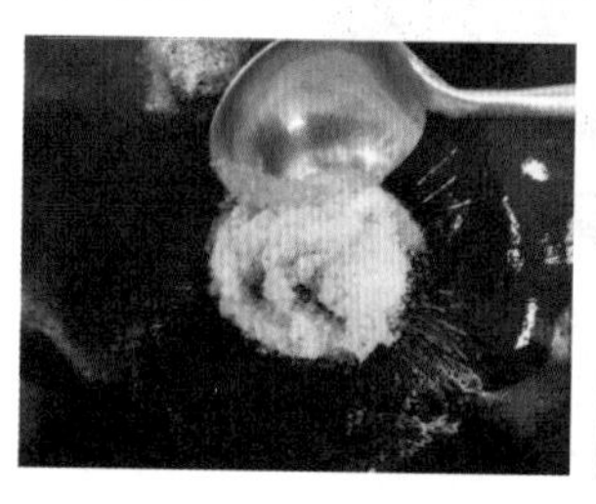  

（5）出品：将焖好的五花肉皮朝上摆好，菜胆围边，原汁勾芡后淋上即可出品。

【成菜特点】

实训报告与知识链接

色泽红亮，肉香味浓，肥而不腻。

【大师点拨】

1. 五花肉焯水后再煸炒能去油腻、去腥臊味。

2. 炒糖是关键，炒糖要全程小火炒制，当糖融化成糖浆，颜色变枣红色，开始冒小泡泡时，再加入热水（可防止糖浆溅锅）既得焦糖色，炒糖出来的焦糖色是红烧肉上色的关键点。

3. 最后收汁时要求汁紧味浓，这样五花肉才会色泽红亮。

4. 收汁时加入少许冰糖，能使肉汁油亮富有光泽。

【创意引导】

1. 食材的变化：适合红烧的食材非常广，如羊肉、猪脚等质地相对比较硬的肉类原料均可。

2. 口味的变化：五花肉肥瘦相间，广受人们喜欢，做法也各有千秋，如原汁原味的“白切五花肉”、香辣味型的“回锅肉”、酱香味型的“香芋扣肉”等。

3. 盛器的变化：我们可以根据烹饪技法的不同，选用煲仔、窝碟、银锅盛装。东坡肉常以位上的形式出菜，不仅符合食品卫生新要求，还使菜品更上一个档次。

三杯鸡的制作

大良炒鲜奶的制作

任务六 避风塘炒蟹的制作

【任务情境】

小李要请从北方来的老同学吃饭，在一家粤菜酒楼点了一道经典菜——“避风塘炒蟹”，并称了两只活海蟹约420克重。把蟹拿到后厨，水台厨师掀开蟹壳、砍去蟹脚后，就拿给砧板厨师将每个蟹砍成4块，再交给打荷的厨师腌制上粉，最后由炉灶厨师烹制成味道浓郁香辣的避风塘炒蟹，蒜香味浓，上桌后老同学赞不绝口。

【任务目标】

知识目标：了解粤菜最具经典的避风塘菜品的烹饪技法。

技能目标：1. 掌握蒜蓉的炸制方法及避风塘炒料的配制方法。

2. 能够掌握海鲜食材类的品质鉴别及蟹的初步熟处理方法。

情感目标：引导学生学会自主学习，培养学生感受探索的乐趣。

【任务实施】

实训报告与知识链接

1. 制作原料：

主料：大闸蟹2只（约400克）

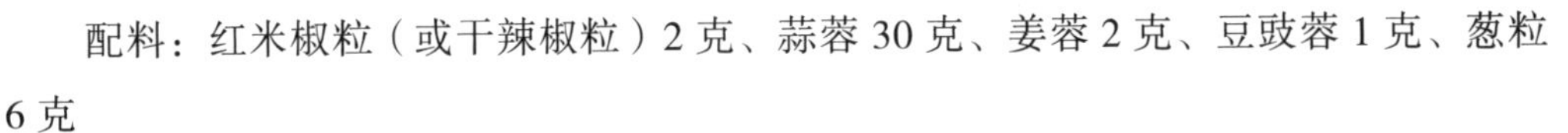

配料：红米椒粒（或干辣椒粒）2克、蒜蓉30克、姜蓉2克、豆豉蓉1克、葱粒6克

调料：盐3克、白糖2克、鸡精2克、胡椒粉2克、绍酒（花雕）8克、生粉20克、食用油1500克

2. 制作过程：

（1）将大闸蟹洗净砍成块，裹上生粉。

（2）坐锅点火倒油。将蒜蓉入四成热油中炸至金黄色，即为金蒜蓉，捞出吸干净油，待六成油热后再将蟹块放入蒜油内炸至成熟捞出备用。

（3）锅内留油，小火放入葱粒、红米椒粒、1/2 金蒜蓉、姜蓉、豆豉蓉、白糖煸香，糖变微黄，沿锅四周慢慢倒入绍酒提香。

（4）保持小火加入蟹块、剩余1/2金蒜蓉、鸡精、盐和胡椒粉增加香辣味，翻炒均匀即可。

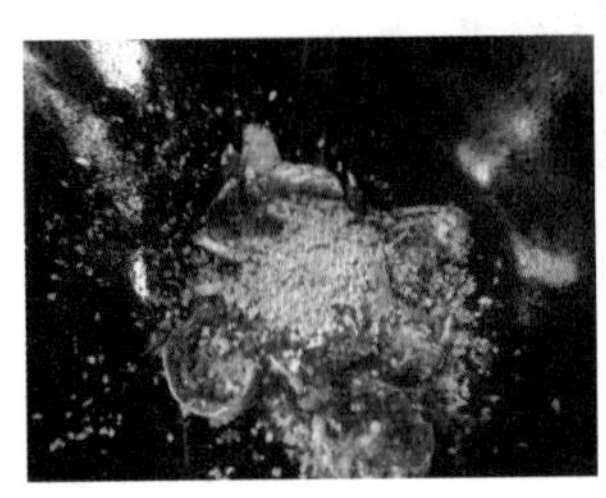

（5）成品出锅。

【成菜特点】

油色红艳，蟹肉金黄澄亮，葱蒜等配料覆盖蟹面，焦香、蟹肉香、蒜香、椒香……混于一体，香味四溢，让人食指大动。

【大师点拨】

1. 蒜蓉不能炸焦，会变苦，这是整个菜的关键，否则炸蟹的蒜油就浪费了。
2. 炒蟹时要小火，蒜蓉分两次放，绍酒要从锅边慢慢倒入，可充分提香。

【创意引导】

1. 主料食材的变化：由于避风塘菜品焦香味浓的特点，可以使用虾、排骨等食材，制作出如“避风塘炒虾”“避风塘排骨”“避风塘鱼球”等菜品。
2. 调料食材的变化：可以增加孜然或者香茅等香料，丰富菜品风味。

任务七　新派酸菜鱼的制作

【任务情境】

天气慢慢转冷，南宁饭店厨房开始筹备冬季菜单。除了一些常规的火锅外，厨房厨师还想添加一些保温性强的、有特色的、符合地方口味的菜品，厨师小黄想到了酸菜鱼。但常规酸菜鱼味道偏辣，汤浓油多。经过厨房商议，他们用酸菜鱼的做法，结合本地奶汤鱼的特色，研制出了符合当地口味、即能吃肉又能喝汤的“新派酸菜鱼”，广受食客们的喜爱。

【任务目标】

知识目标：能说出酸菜鱼的由来及特色。

技能目标：1. 能够掌握鱼肉腌制方法。

2. 能够掌握酸菜鱼的烹饪要领。

情感目标：提高学生对菜品因地制宜的改进创新能力。

【任务实施】

1. 制作原料：

主料：黑鱼（或草鱼）1 条（750~1000 克）

配料：老坛酸菜 200 克、香菜 30 克

调料：盐 15 克、鸡精 2 克、胡椒粉 1 克、鸡蛋 1 个、生粉 25 克、料酒 30 克、野山椒 25 克、米醋 10 克、蒜米 10 克、干辣椒 10 克、鲜花椒 15 克、辣椒油 30 克、姜葱适量

2. 制作过程：

（1）初加工：黑鱼宰杀去内脏，去鳞除鳃，起肉，片成薄片，剩出鱼头和鱼骨砍成块待用。

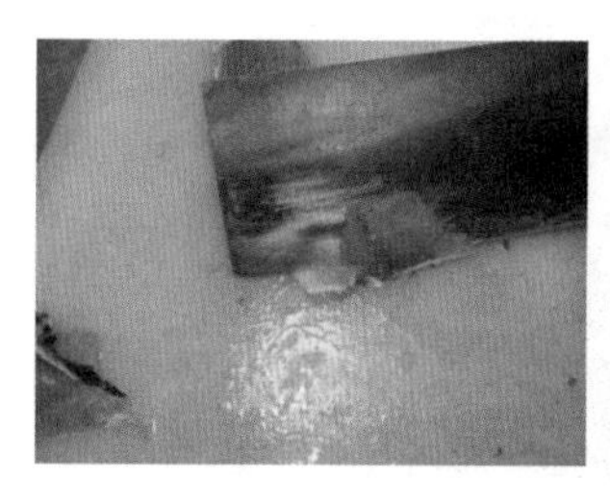

（2）腌制：鱼肉放入盆中，加入盐 10 克左右，搓抓至鱼肉粘手，冲水洗去盐味，控干水分，再用盐、鸡精、胡椒粉腌制，待鱼肉粘手后加入蛋清抓均，最后加入生粉和适量食用油拌均匀待用。

（3）切配：酸菜洗净切片，入锅将酸菜煸炒出水汽盛出，葱、干辣椒、野山椒切小段，姜切片待用。

（4）烹制：热锅冷油，下姜、葱爆香，放入鱼头、鱼骨煎至微黄，烹入料酒，加入酸菜和野山椒，再加四大勺开水（或高汤），大火滚出奶白色鱼汤，用盐、鸡精、胡椒粉、米醋调味，调好味后捞出酸菜和鱼头鱼骨等垫于汤盆底。锅中鱼汤加入腌好的鱼肉打散，煮至鱼肉展开变白至八成熟后出锅倒入汤盆中。将蒜米置于鱼肉上，锅中加辣椒油烧热，放入干辣椒、鲜花椒爆香，浇到蒜米上即可。

 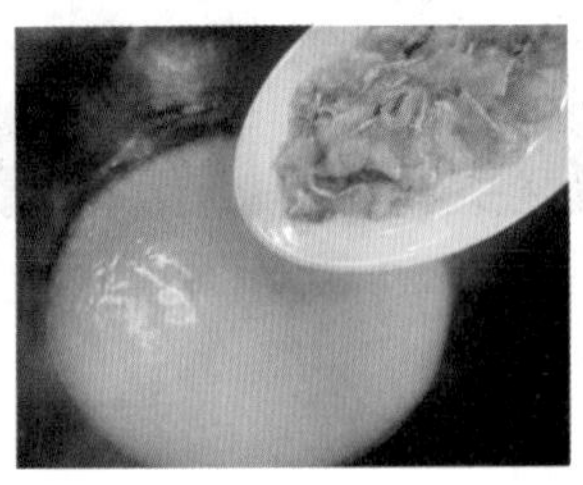 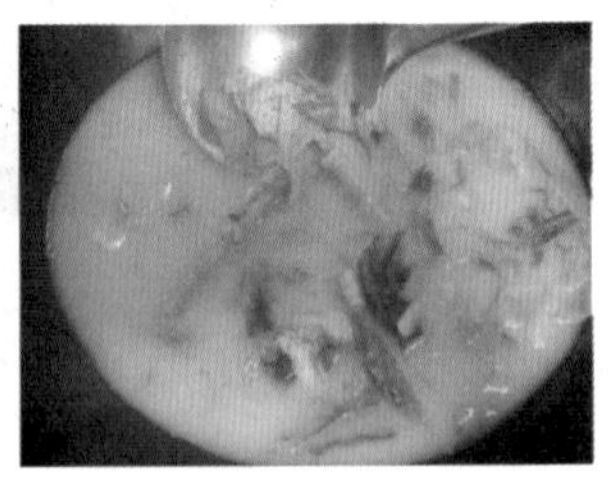

（5）出品：按要求装盘，点缀香菜即可出品。

【成菜特点】

汤色浓白，酸辣可口，鱼肉细嫩。

实训报告与知识链接

【大师点拨】

1. 酸菜鱼的酸菜要选用传统泡法的老坛酸菜。
2. 鱼肉用盐抓过，冲水后再腌制，这样鱼肉会更加嫩滑。
3. 鱼骨要用大火熬制，这样汤汁才会浓白。
4. 酸菜鱼以草鱼、黑鱼为主料，也可以选用其他肉肥厚的鱼类。

【创意引导】

1. 食材的变化：主料鱼肉片可以换成鱼头、鱼杂（鱼头、鱼膘、鱼蛋）将菜品变化成酸菜鱼头、酸菜鱼杂，也可以变化成禽畜类原料，制作出如“酸菜肉片”“酸菜猪杂”等菜品。

2. 口味的变化：可将酸辣味型变化成麻辣味型。酸辣味型可采用贵州酸汤鱼的酸辣汤，煮出来也别有一般风味，制作出如“酸辣鱼片”“酸辣鱼头汤”等菜品。

3. 盛器的变化：传统的盛器为海碗或者汤古，可选电磁锅、酒精银锅加热保温，上桌时汤汁翻腾、热气腾腾更具气氛；也可选用玻璃灯影使菜品更上档次。

任务八 龙井虾仁的制作

【任务情境】

颜老板经营一家私房菜馆，他平时十分喜欢喝茶，尤其喜爱龙井茶，对浙菜“龙井虾仁”一直十分期待。这天他在家乡采购到一批大河虾，马上带回菜馆吩咐大厨做一道龙井虾仁，满足自己对美食美味的追求。

【任务目标】

知识目标：掌握河虾的原料性质与使用细节要求。

技能目标：1. 能够掌握滑炒烹饪技法的操作要求。

2. 能够掌握腌味的技术要领。

3. 能够掌握滑炒的烹饪火候控制技术细节。

情感目标：1. 培养学生对不同烹饪技法的探索与学习的兴趣。

2. 引领学生认识浙菜的发展历史与特点。

【任务实施】

1. 制作原料：

主料：河虾 400 克

配料：龙井茶 20 克、鸡蛋 1 个

调料：盐 6 克、料酒 5 克、猪油 10 克、生粉适量、淀粉适量

2. 制作过程：

（1）初加工：洗净主配料，龙井茶泡出茶水后捞出茶叶待用。

（2）加工虾仁：河虾要用冰水冰镇 20 分钟后用手剥去虾头，抓住虾尾轻按从虾背部挤出虾仁。虾仁加盐和生粉搓洗后用清水冲洗多次，直至干净洁白，捞出沥水待用。

（3）腌制：虾仁用干净毛巾吸干水分，加入盐搅拌至起胶后分次放入蛋清、龙井茶水、淀粉水，再加入少许调和油拌匀入冰箱冰镇 20 分钟。

（4）烹制：锅中烧油至三成热时放入虾仁，用筷子快速滑熟捞出沥油待用。另起锅放入猪油，放入虾仁，加入料酒和少许龙井茶水，快速炒制均匀后勾芡亮尾油即可出锅装盘。

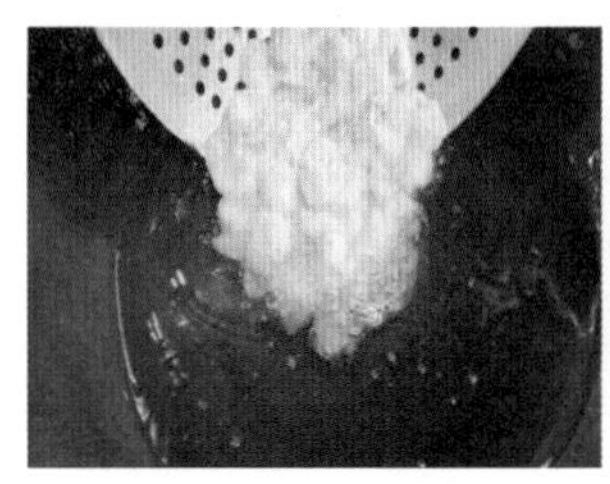  

（5）装盘成菜：龙井虾仁装盘后用几片泡过的龙井茶叶点缀即可出品。

实训报告与知识链接

【成菜特点】

色泽玉白淡雅，口感鲜嫩，茶叶清香。

【大师点拨】

1. 龙井虾仁主料选用青衣河虾其成菜口感会更好。龙井茶宜选用清明节前后的西湖龙井最佳。浸泡茶水：将 10 克龙井新茶用 500 毫升沸水泡开（不要加盖），放置 1 分钟，等茶叶慢慢泡开舒展。

2. 腌制时要先把虾仁洗净沥干水分再腌制，这样出品会更入味。腌制后放入冰箱冰镇 1 小时左右再使用口感会更好。

3. 滑炒的基本概念：选用质嫩的动物性原料，改刀切成丝、片、丁、条等形状，用蛋清、淀粉上浆，用温油滑散，倒入漏勺沥去余油，原勺放葱、姜和配料，入锅炒香，倒入滑熟的主料，迅速用兑好的清汁烹炒，出锅装盘。

【创意引导】

1. 食材的变化：根据龙井茶叶的外形，对食材运用一定的刀工技术，可以变通制作出“龙井鱼丝”等菜品。

2. 烹饪技法的变化：通过炸的烹饪技法可制作出“茶香虾”“茶香掌中宝”等菜品。

酱焗乳鸽的制作

任务九　葱烧海参的制作

【任务情境】

品味轩的厨师长要对本餐厅的菜谱进行更新，与大厨们几经讨论后，决定保留客人点菜率较高的部分菜品，并推出二十余款创新菜，还推出部分传统经典名菜，“葱烧海参”就列在其中。那葱烧海参这道菜怎么样才能在传统的基础上再做出新意呢？一起来看看这位厨师长是如何做的……

【任务目标】

知识目标：了解海参的种类和泡发知识。

技能目标：1. 了解海参的处理过程及细节要求。

　　　　　2. 掌握海参等高档干货食材的处理方法。

情感目标：培养学生良好的职业习惯和专业素养。

【任务实施】

1. 制作原料：

主料：海参 200 克

配料：大葱 200 克、姜 50 克、蒜 5 克

调料：盐 3 克、鸡精 2 克、料酒 15 克、生抽 10 克、老抽 1 克、蚝油 10 克、冰糖 5 克、高汤 750 克、生粉 8 克

2. 制作过程：

（1）海参解冻后洗净，用姜、葱、料酒爆炒后焯水。

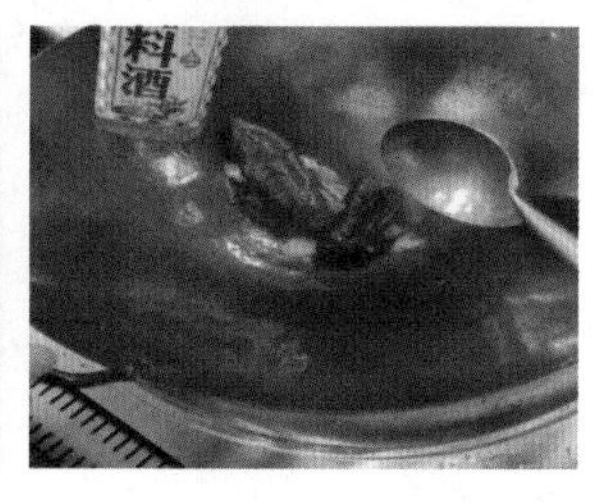

（2）开锅烧油，将大葱放入锅内的热油中慢火半煎炸出香味，捞起葱渣留葱油待用。

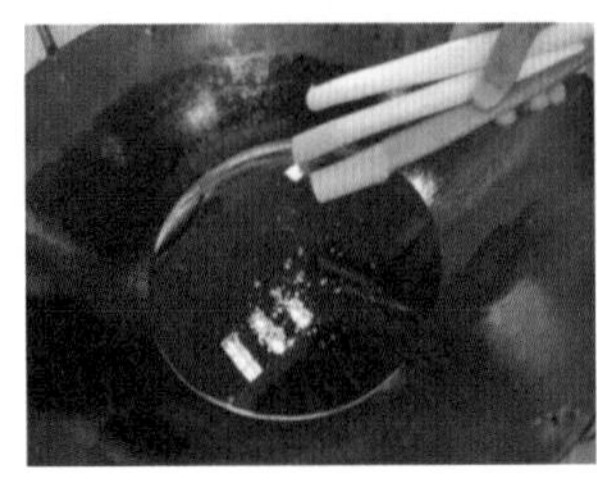

（3）锅内放少量葱油，烧热后加入葱白段，小火煎炒至微金黄色，随后加入海参、姜片，再加入适量盐、鸡精、料酒、蚝油、老抽、生抽、冰糖、高汤，然后盖上锅盖焖至汁收。翻炒后勾稀芡用葱油包尾油即可出锅。

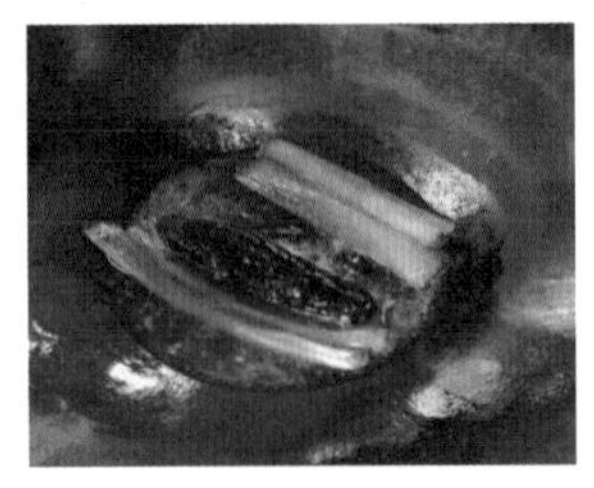

【成菜特点】

海参清鲜，柔软香滑，葱段香浓，葱香味醇，营养丰富。

实训报告与知识链接

【大师点拨】

葱油的制法：将熟猪油 500 克放入炒锅内，烧到八成热时下入葱段 100 克、姜片 75 克、蒜片 50 克，炸成金黄色，再下入香菜段 100 克，炸焦后，将以上原料捞出，余油即为葱油。

【创意引导】

1. 形态的变化：葱烧海参可以切片烧，也可以整个烧。

2. 口味的变化：葱烧海参在口味上可以有多种，大多是浓郁型复合型，可加入鲍汁、野米等。

3. 装盘的变化：可以采用西式的位上装盘，用原汁在盘中划线并配以芦笋或西兰花等，荤素搭配，再点缀简单的食用花草，既增加了营养又体现了美感。

任务十　八大菜系与地方代表菜品的烹饪技法基本功任务考核

小王是某职业学校烹饪专业二年级的学生，近期中餐热菜的教学内容主要是学习八大菜系的代表菜品。小王不仅平时勤学多问，还经常上网去查看有关八大菜系的资料，对学习内容有了一定的认识。在每个月最后一周，专业课老师会要求同学们以 2 人一组合作制作自选菜。这周又到了制作自选菜的时间，小王和小李一组，他们商量合作做一道川菜“鱼香肉丝”。

想要做好川菜首先要能抓住川菜的特点。川菜口味以麻辣为主，菜式多样，口味清鲜醇浓并重，以善用麻辣调味（鱼香、麻辣、辣子、陈皮、椒麻、怪味、酸辣等味型）为特色。

鱼香，是川菜主要传统味型之一。成菜具有鱼香味，但其味并不来自“鱼”，而是来自泡红辣椒、葱、姜、蒜、糖、盐、酱油等调味品调制。此法源于四川民间独具特色的烹鱼调味方法，而今已广泛用于川味的热菜中，口味具有咸、酸、甜、辣、香、鲜和浓郁的葱、姜、蒜味的特色。

假如你是小王，请你根据川菜中的鱼香味型特点，和小李合作来完成鱼香肉丝的制作并完成下表。

<table>
<tr><td>菜品名称</td><td></td><td>完成日期</td><td></td><td>表格填写人</td><td></td></tr>
<tr><td>团队成员</td><td colspan="5"></td></tr>
<tr><td>评分要素</td><td colspan="3">细节描述</td><td>配分</td><td>自评得分</td></tr>
<tr><td>任务设计</td><td colspan="3"></td><td>10</td><td></td></tr>
<tr><td>任务分工
用时分配</td><td colspan="3"></td><td>20</td><td></td></tr>
<tr><td>菜品选料</td><td colspan="3"></td><td>8</td><td></td></tr>
</table>

（续表）

刀工成形				5	
菜品调味				10	
脆浆配比与调制				20	
火候与油温运用				10	
成菜特点				7	
卫生习惯				10	
设计能力评价		教师评分		自评总分	

模块四　广西地方风味菜品制作

任务一　广西地方风味菜品的制作特点及技术要求

广西位于我国西南部，与广东、湖南、贵州、云南相邻，与越南交界。桂菜是广西菜的简称。桂菜历史源远流长，植根本土，博采众长，随着改革开放后各地不断挖掘、改良、创新菜品，桂菜最终形成了桂北风味、桂西南风味、桂东南风味、沿海风味、少数民族风味五个各具特色的地方风味系列。除了常用原料，每个地方风味系列在烹饪技法、食材选取、调味风格等方面，都有其突出的地方特色及文化个性，焕发着浓郁的地方风情和民族风采。

知识链接

任务二　田螺鸭脚煲的制作

【任务情境】

晶晶是四川人，从小就喜欢吃辣，今年晶晶中考，她以优异成绩考上了市里一所重点高中。父母在她放暑假期间，特意带她到广西游玩，让她放松心情。广西风景迷人，山清水秀，在游玩期间，晶晶还不忘尝遍当地美食。喜爱吃辣的她，发现了一道无论是在大型连锁餐饮饭店，还是在美食街，都会出现的一道特色美食。这道菜品汤水非常鲜美，田螺鲜，鸭脚酥，红油辣，紫苏香……每尝一口，都让人难以忘怀。经过打听得知，这道菜就是风靡全国的广西美食——“田螺鸭脚煲”。

【任务目标】

知识目标：能够认识各种螺类食材。

技能目标：1. 能够掌握田螺选购和去除泥味的方法。

2. 能够掌握炸制鸭脚的操作方法。

情感目标：引导学生对螺类食材菜品进行创新。

【任务实施】

1. 制作原料：

主料：田螺 500 克、带皮鸭脚 300 克

配料：姜 20 克、蒜 20 克、酸笋 50 克、紫苏 15 克

调料：盐 10 克、鸡精 10 克、糖 5 克、豆瓣酱 30 克、生抽 30 克、蚝油 30 克、干辣椒 20 克、八角 10 克、香叶 5 克、陈皮 20 克、桂皮 20 克、料酒 30 克、高汤 1500 克、花生油 1000 克

2. 制作过程：

（1）田螺用清水养去泥，用刷子刷干净，用剪刀把田螺尖剪掉。姜切片，蒜米轻拍，干辣椒切碎，酸笋切丝，紫苏切丝。注：田螺至少提前用清水养 8 小时去泥。

（2）洗干净田螺后焯水，捞出用冷水冲洗干净。带皮鸭脚洗净晾干，下八成热油锅炸，炸至表皮起泡且呈现金黄色，捞出控油。注：鸭脚炸制前需要晾干水分，下油锅炸时，加锅盖以防热油四溅。

（3）锅中放少许油，把姜片、蒜米、酸笋、干辣椒一同放入，小火爆香，加入八角、香叶、陈皮、桂皮、豆瓣酱，小火炒出香味。放入田螺，加料酒炒去腥味。

 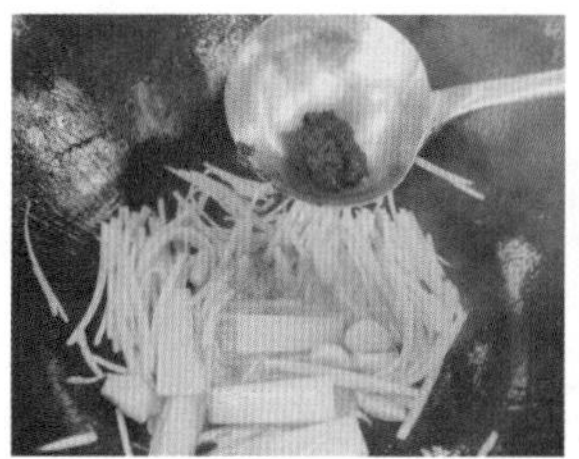 

（4）加入高汤，用盐、生抽、蚝油、鸡精、白糖调味。大火烧开，放入炸好的鸭脚，改小火焖 40 分钟。注：可用高压锅烹制，能节省 20 分钟。

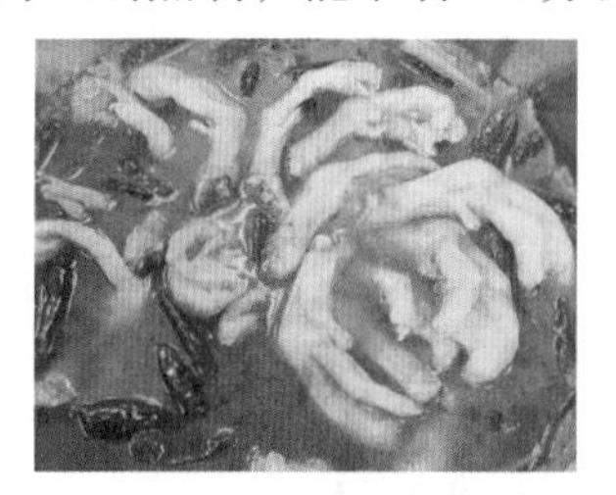

（5）将田螺和鸭脚焖至酥软，保留少许汤汁，放入紫苏丝，捞匀盛入砂锅即可。

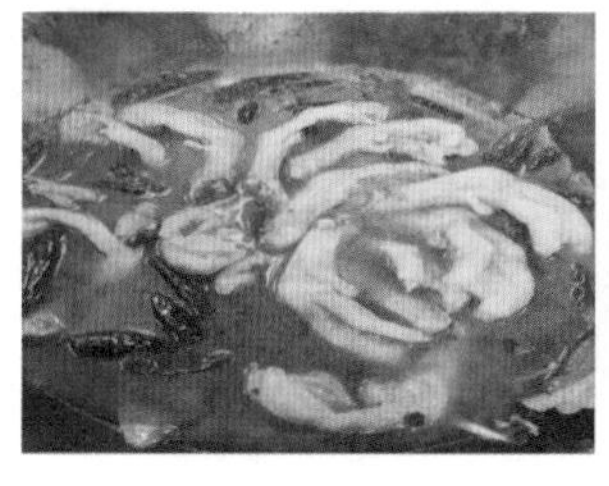 

【成菜特点】

汤汁鲜美，田螺味香浓郁，鸭脚酥软。

实训报告与知识链接

【大师点拨】

1. 田螺要用清水养干净，去除泥味。烹制前用剪刀剪掉田螺尖，这样才能更快地煮出鲜味，也能让田螺肉更快入味。

2. 鸭脚选用带皮鸭脚口感更佳，洗净后需要把水晾干。炸鸭脚时建议盖上锅盖，以防热油四溅。

3. 焖田螺鸭脚时需要一次加入足量高汤或开水，中途不再添加，大火烧开后改小火慢焖，建议盖上锅盖，牢牢锁住鲜味。

4. 出锅前放入切好的紫苏，增加香味。

【创意引导】

1. 主料食材的变化：这道菜的主料食材可以自由组合，可变换成石螺、海螺、鹅掌、猪蹄、羊蹄等，制作出如“石螺猪脚煲”“海螺羊蹄煲”等菜品。

2. 配料食材的变化：可添加炸芋头、油果、腐竹、鹌鹑蛋等食材，丰富出品，提高菜品的多样选择。

任务三 老友禾花鱼的制作

【任务情境】

每年稻谷挂穗时，都是禾花鱼丰收的季节。南宁桂味餐厅正在研究关于禾花鱼的菜品，禾花鱼的吃法多种多样、五花八门。店里的厨师结合当地口味，想到焖制老友味的禾花鱼。老友味型是当地最受欢迎的口味，加上禾花鱼的鲜香，“老友禾花鱼”这道菜大受赞赏。

【任务目标】

知识目标：掌握禾花鱼的由来及特征。

技能目标：1. 能够掌握老友味型的原料搭配方法。

2. 能够掌握老友味型的烹饪要领。

情感目标： 1. 培养学生对老友味型调制的学习兴趣。

2. 提高学生对地方风味菜品认知及创新能力。

【任务实施】

1. 制作原料：

主料：禾花鱼 600 克

配料：酸笋 100 克、红米椒 10 克、豆豉 15 克、姜葱蒜适量

调料：盐 3 克、鸡精 2 克、胡椒粉 1 克、生抽 5 克、蚝油 15 克、米醋 5 克、白糖 3 克、老抽、生粉 5 克

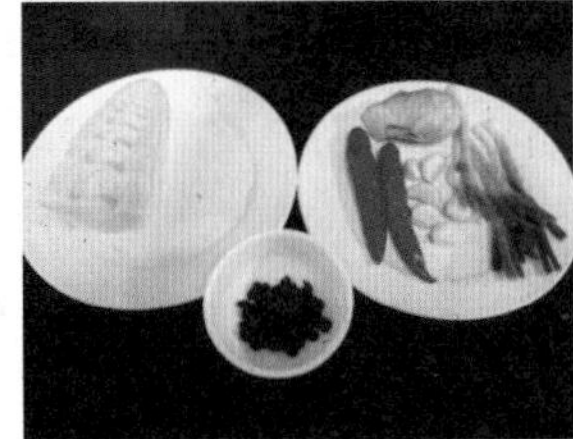

2. 制作过程：

（1）初加工：禾花鱼去鳃、去除内脏，清洗干净。

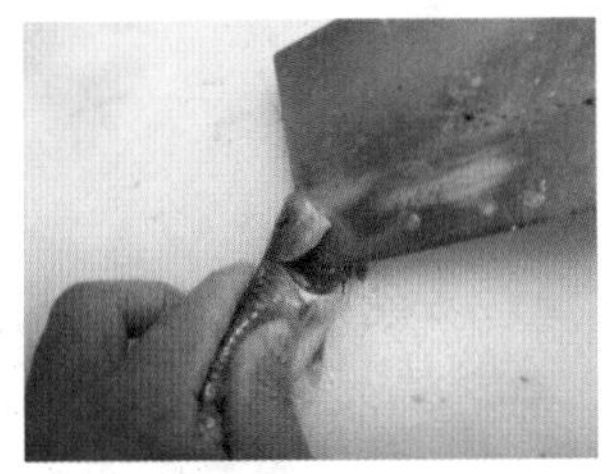

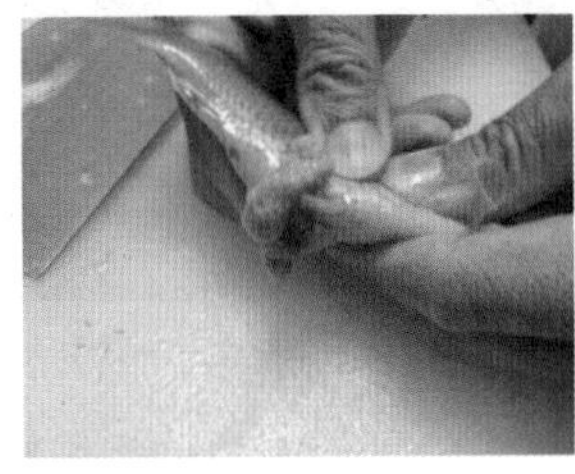

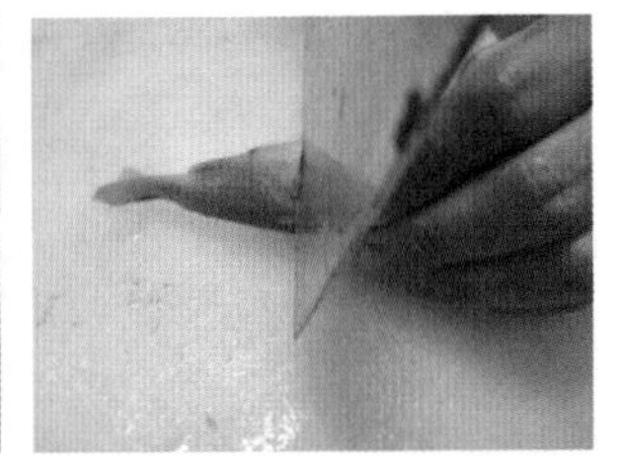

（2）切配：酸笋洗净切丝，红米椒、豆豉切碎，姜切粗丝，葱切段，蒜拍松待用。

（3）初成熟：锅中放油烧至六到七成热，放入禾花鱼炸至外酥里嫩捞出，酸笋丝入锅小火煸炒去除水汽。

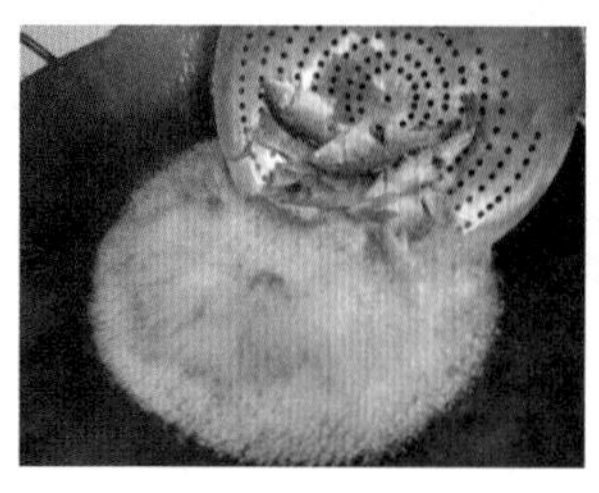  

（4）烹制：热锅冷油，将姜、葱、蒜爆香，放入红米椒、豆豉炒出香味，加入酸笋丝，烹入米醋、料酒，加入适量水（或高汤），用三味、生抽、蚝油、白糖调味，放入禾花鱼焖 3~4 分钟收汁勾芡淋上尾油即可。

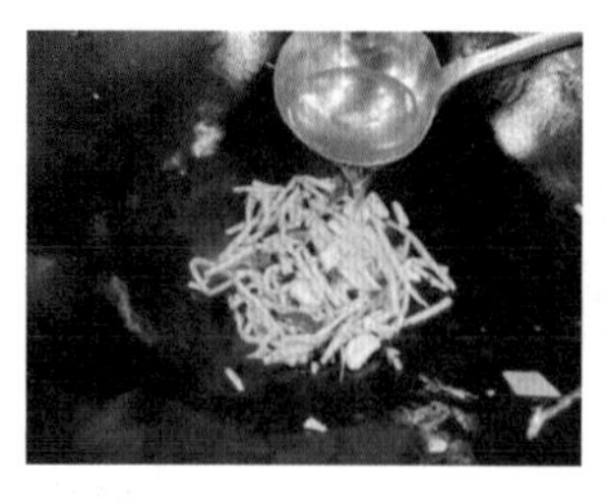 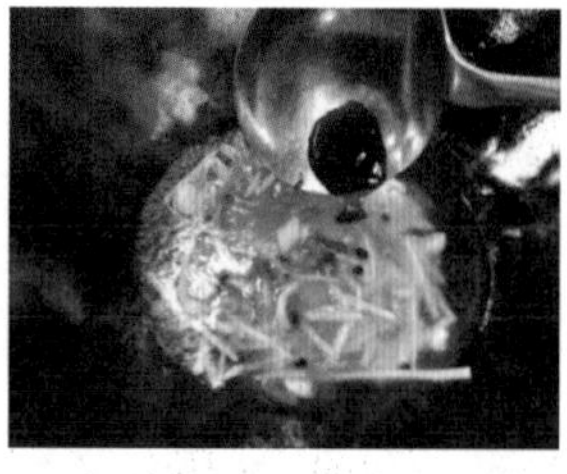 

（5）出品：按要求摆盘点缀即可出品。

实训报告与知识链接

【成菜特点】

色泽油亮，酸辣开胃，豉香浓郁。

【大师点拨】

1. 酸笋要煸炒出水汽，可去掉臭水味。
2. 豆豉不要切得太碎，否则会影响菜品色泽。
3. 红米椒可以用泡椒来代替，这样适合吃微辣口味的人群。

【创意引导】

1. 食材的变化：主料禾花鱼可以换成鲤鱼、罗非鱼等整鱼或改刀成的鱼件来烹制，除了河鲜类、海鲜类，一些禽畜肉类原料均可使用，制作出如“老友炒猪杂”“老友鸡爪”“老友鸭爪”“老友鸭翅”等菜品。

2. 口味的变化：调味是多样性的，可以将老友味型变化成麻辣味型、酱香味型或者一些有地方民族特色的口味。

任务四　荔芋红扣肉的制作

【任务情境】

9月20日上午，桃源饭店迎来了一对年轻人，说要在国庆节预订50桌的婚宴。客人说传统婚宴上的“四大件”——“荔芋红扣肉”“醉鸭”“双色鸳鸯鸡”“清蒸鱼”是必须要有的，其他可以随意。婚宴菜单下到了厨房，由于婚宴规模较大，所需的原料很多，厨师长马上根据菜单的菜品按原料易储存和不易储存程度分别制订了采购计划。国庆节的上午，采购员按计划已将原料全部采购到位，水台的厨师一上班就马上将五花肉清点后清洗干净，将荔浦芋头削好皮，一起送到砧板岗位，接着把活鱼宰杀、洗净后放入冰箱存储……砧板岗位厨师看到水台送来的五花肉即刻改刀为大块，把荔浦芋头切成厚片后一并送到下一个岗位——炉灶岗位进行熟处理，接下来我们就学习一下荔芋红扣肉的具体做法。

【任务目标】

知识目标：了解广西地方特色食材的品质鉴别及烹制方法。

技能目标：1. 掌握荔芋红扣肉的制作方法。

2. 掌握扣的烹饪技法。

3. 掌握走油步骤和油温的控制方法。

情感目标：通过学习制作菜品，培养学生良好的职业素养。

【任务实施】

1. 制作原料：

主料：五花肉 1000 克、荔浦芋头 600 克

配料：姜 5 克、葱 5 克、蒜 5 克、八角 3 克

调料：盐 3 克、桂林三花酒 15 克、生粉 6 克、生抽 10 克、老抽 1 克、米醋 2 克、白糖 3 克、南乳 5 克、五香粉 2 克、胡椒粉 2 克、鸡精 2 克、食用油 1500 克

2. 制作过程：

（1）切配：五花肉洗净改刀成约长 13 厘米、宽 13 厘米的四方块；荔浦芋头削皮后切厚片（长度与扣碗直径一致，厚度与五花肉一致）。

（2）初步熟处理（走油、走红）：将五花肉煮熟且皮能用筷子戳入，再用牙签在皮上戳一遍并抹盐和米醋，将熟五花肉入四成热油锅中慢慢升温——走油（炸）至皱皮，再用七成热油温走红上色成金红色，捞出泡水至皮软，切成厚片待用。将荔浦芋头厚片放入炸完五花肉的六成热油中走油至熟（硬身）待用。

（3）扣制（码碗）：把切好的肉和芋头以一片肉（皮朝下）夹一片芋头间隔的方式整齐码到扣碗里。

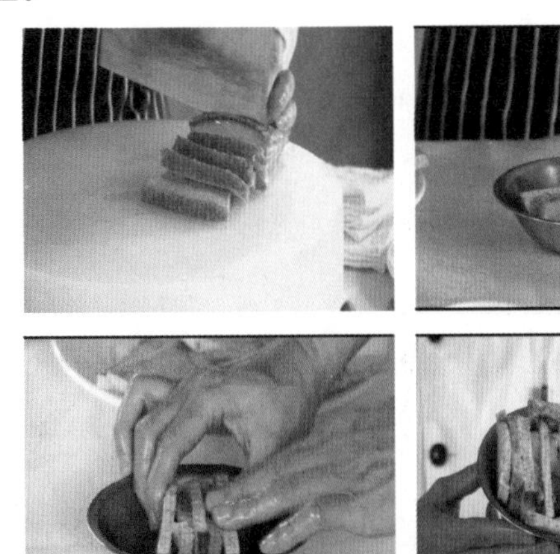

（4）调汁：锅留余油，爆香姜葱蒜和八角，烹入料酒加水烧开，调入老抽、生抽、白糖、南乳、胡椒粉、五香粉和鸡精，试好味后淋在摆好肉和芋头的扣碗内，也可以将肉放入汁中烧入味后再码入碗里淋上余汁。

（5）蒸制：将淋好汁的肉和芋头放入蒸笼内大火蒸 60 分钟至肉软不烂、芋头松粉不碎即可出锅。

（6）成菜出品：蒸好后取一大盘压在碗面上把原汁慢慢地滗出，原汁入锅勾琉璃芡，然后将扣碗倒扣反压在盘上取出扣碗，淋上芡汁，点缀菜胆围饰即可出品。

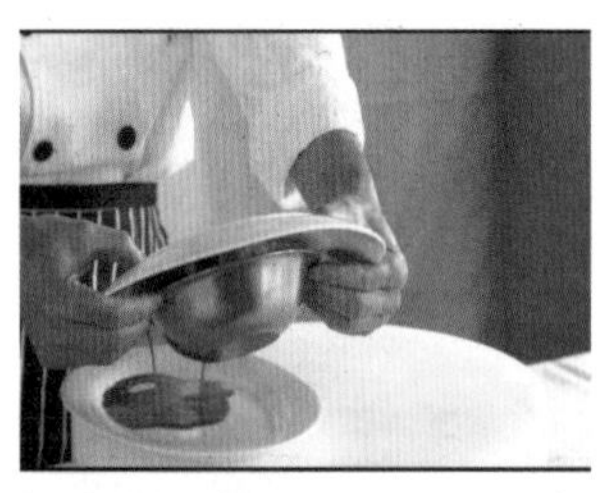 

【成菜特点】

实训报告与知识链接

色泽红润，口感松软香糯，肥而不腻，肉香芋香醇厚一体。

【大师点拨】

1. 走油五花肉的油温不能过低，否则肉容易脱皮；油温过高则会把肉炸黑，达不到走红的要求。

2. 蒸制的时间要在 1 ~1.5 小时才够火候。

【创意引导】

1. 形态的变化：芋头还可以变化做成“脆皮芋头夹”“荔芋香酥鸭”等菜品，还有广式点心中著名的“蜂巢荔芋角”。五花肉通过不同的刀工处理可做成小块的红烧肉、大块的东坡肉等。

2. 烹饪技法的变化：将烹饪技法变化为烤，则可以做出粤菜中著名的“澳门烧肉”，也叫“脆皮烧肉”。

任务五　高峰柠檬鸭的制作

【任务情境】

今天是周末，武鸣大酒店接待了一批旅游客人，在点菜的过程中，客人要求以当地特色菜为主。厨师长略加思考后，列好了菜单，客人看了菜单后，指着烤鸭说，这烤鸭到哪都有得吃，能不能换一个用鸭子做的特色菜呢？厨师长马上介绍了“高峰柠檬鸭”，并将此菜的来历和特点简要地说给客人听，客人听了连声说，就吃它了！让我们一起动手制作这道高峰柠檬鸭，感受一下它的美味。

【任务目标】

知识目标：学习将广西地方特色食材与烹饪技法进行有机结合。

技能目标：1. 掌握生焖的烹饪技法。

2. 掌握广西特色食材的烹制及原料的融合使用方法。

情感目标：激发学生学习探索广西地方风味特色菜品的兴趣。

【任务实施】

1. 制作原料：

主料：土鸭 500 克

配料：三酸（酸姜、酸荞头、酸椒）150 克、腌柠檬 15 克、姜 6 克、蒜 3 克

调料：南乳 3 克、五香粉 2 克、糖 3 克、盐 3 克、胡椒粉 2 克、生粉 8 克、料酒 10 克、生抽 15 克、老抽 1 克、食用油 500 克

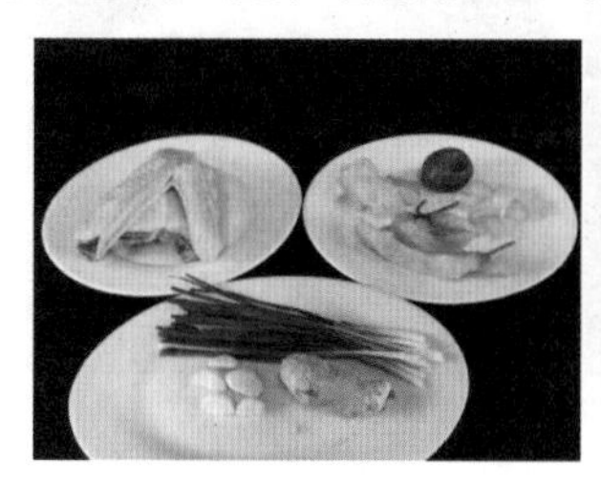

2. 制作过程：

（1）鸭砍大小一致的块，焯水捞起冲干净。酸姜、姜切中丝，酸椒斜刀长切，酸荞头一开四，蒜剁碎或切片，腌柠檬去籽剁蓉备用。

（2）起锅烧热过冷油，中小火爆香蒜粒和姜丝，下焯好水的鸭块炒出水汽并炒出少许鸭油，下料酒、生抽炒香上色，放水没过鸭块 2/3；大火烧开后转中火，放入酸姜、酸椒、酸荞头，并调入南乳汁、糖（提鲜）、五香粉、胡椒粉，根据咸淡补入盐，加老抽调色，以酱红色为好。

（3）中火焖至鸭块入味、出香熟透，最后放入剁好的腌柠檬蓉，转大火收汁勾芡包尾油，翻勺出锅装盘即可。

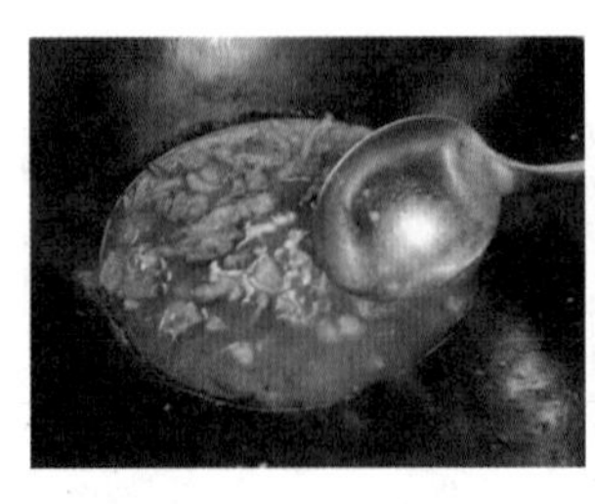 

【成菜特点】

咸鲜酸香并有浓郁柠檬味。

实训报告与知识链接

【大师点拨】

腌柠檬必须要去籽，不要提前下锅。

【创意引导】

1. 食材的变化：此菜的烹饪技法是生焖，根据食材的不同，可制作“龙州黑榄生焖排骨”“山黄皮生焖鸡件”“芋藤生焖鱼”等不同菜品。

2. 烹饪技法的变化：柠檬鸭也可以熟焖，出品会更快些。将原料提前焯水可以提高出菜效率。

任务六　梧州纸包鸡的制作

【任务情境】

小彭 1991 年在梧州大东酒家学习时就已经知道“梧州纸包鸡”是该店的镇店菜。记得当时的厨师长每天上午都会将腌制鸡肉的酱汁提前调好交给切配的砧板师傅，开餐时楼面有单子下了，砧板师傅就把光鸡砍成梳子形的块，用调好的酱汁腌制，再用竹子制成的玉扣纸包好，交由炉灶师傅炸制。那下面我们就跟随小彭师傅学习梧州纸包鸡的具体做法。

【任务目标】

知识目标：了解地方特色经典菜品的制作方法。
技能目标：1. 掌握“包”的手法。
2. 掌握纸包鸡的腌制方法。
3. 掌握炸制油温的鉴别及使用方法。
情感目标：引导学生学会自主学习，感受探索的乐趣。

【任务实施】

1. 制作原料：

主料：嫩三黄鸡半只（约 500 克）

配料：姜葱 15 克、香菜 8 克、干沙姜 2 克

调料：生抽 15 克、老抽 2 克、白糖 5 克、五香粉 2 克、高度桂林三花酒 10 克、香油 6 克、食用油 1500 克

工具：玉扣纸 1 张

2. 制作过程：

（1）将三黄鸡洗净斩成“梳子”件（长 8 厘米，宽 4 厘米），葱白和香菜切 4 厘米段，备用。

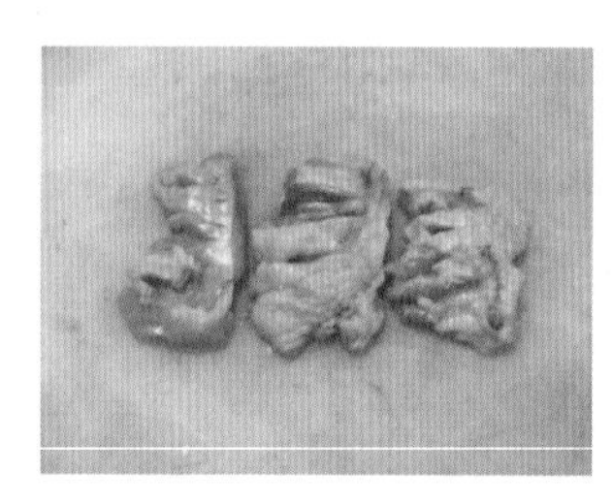

（2）将玉扣纸裁成 23 厘米见方的正方形，用五成油温（约 150℃）浸炸至纸有点脆，捞起备用。

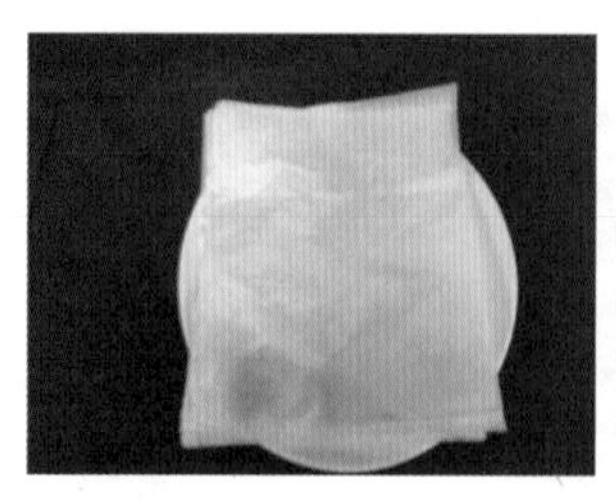

（3）姜切厚片，葱青打结，放入大碗内，加生抽、老抽、白糖、五香粉、干沙姜和少许高度桂林三花酒充分调匀，最后加入香油。

 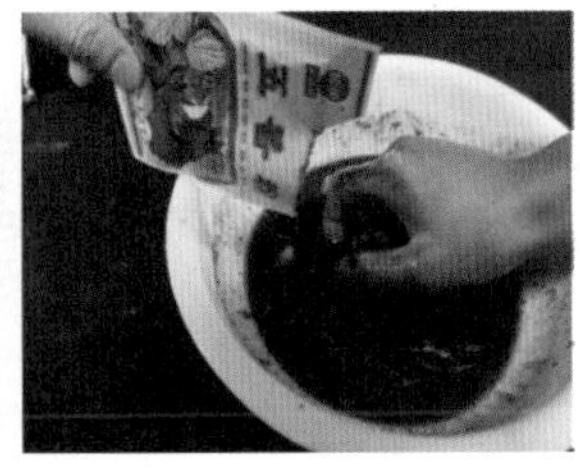

（4）把砍好的鸡块放入调好的酱汁中腌制 5 分钟。

 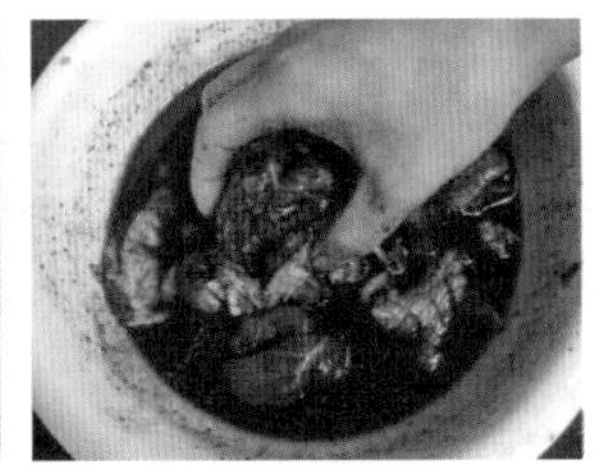

（5）把鸡块捞出，一个鸡块配一条葱白和一条香菜，用炸好的玉扣纸裹好成长 10 厘米的长方形小包。

 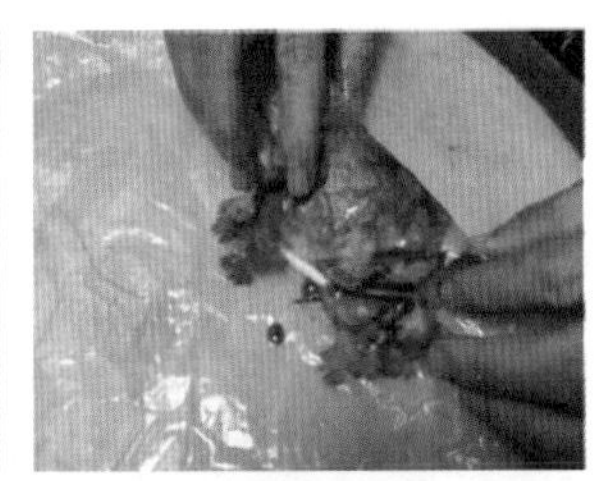

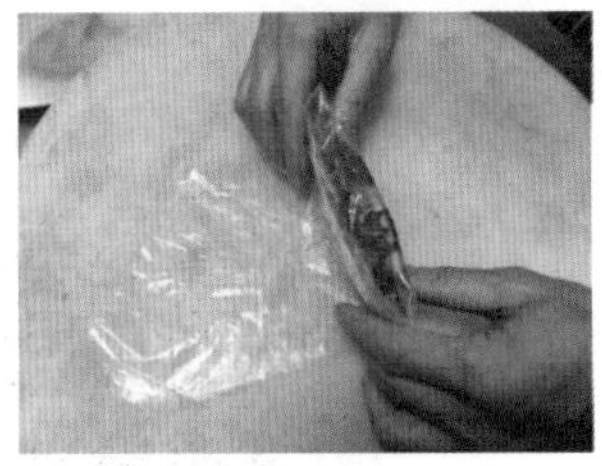 

（6）锅烧油至五到六成热（150℃），下包好的鸡块浸炸 6~8 分钟即可捞出。

【成菜特点】

鲜嫩甘滑，醇厚不腻，色泽金黄，气味芳香。

【大师点拨】

实训报告与知识链接

1. 包鸡时不可包得过紧，不然炸制时容易散开。
2. 腌制时间不可过久。
3. 炸制的油温要控制在150℃左右，五到六成热。

【创意引导】

1. 食材的变化：通过包的手法，也可以用不同食材制作出“盐焗鸡”“纸包排骨”等菜品。

2. 档次的提升：运用刀工方法，把这道菜中的鸡去骨，可以提升菜品品质，增加普适人群，以同样的味型及烹饪技法，做到传承不守旧、创新不忘本。

邕城假篓夹的制作

荔芋香酥鸭的制作

任务七 阳朔啤酒鱼的制作

【任务情境】

国庆黄金周，小梁夫妇在桂林旅游，晚上在餐厅吃饭点了几道当地特色菜，其中就包括红遍中国的“阳朔啤酒鱼”。点菜单下到了后厨，砧板的杨师傅马上吩咐水台的小李去杀一条600克左右的鲤鱼，自己将配料和啤酒准备好，等鱼杀好后即可拿给打荷的王师傅，再由打荷的师傅派给炒菜的师傅们去完成。不一会儿，菜就做好上到了餐厅，小梁夫妇非常满意……具体的制作过程，我们接下来一起学习。

【任务目标】

知识目标：了解桂柳菜的发展和口味特点。

技能目标：1. 熟练运用半煎炸的烹饪技法，并能掌握对火候的要求。

2. 掌握啤酒入菜的烹饪技法。

情感目标：培养学生概括能力和学习兴趣。

【任务实施】

1. 制作原料：

主料：鲜活罗非鱼（或鲤鱼）1 条、啤酒 500 毫升

配料：番茄 30 克、青红椒 10 克、红泡椒 100 克、姜葱蒜 10 克

调料：盐 2 克、生抽 7 克、蚝油 10 克、老抽 1 克、糖 3 克、生粉 6 克、胡椒粉 2 克、食用油 500 克

2. 制作过程：

（1）将鲜活罗飞鱼用刀拍晕，除去鱼鳞、内脏和腮，然后把整条鱼从背部剖开但不要断开腹部，保持全条鱼整片趴开状。青红椒切片，红泡椒切蓉，番茄切块，姜、葱、蒜切粒。

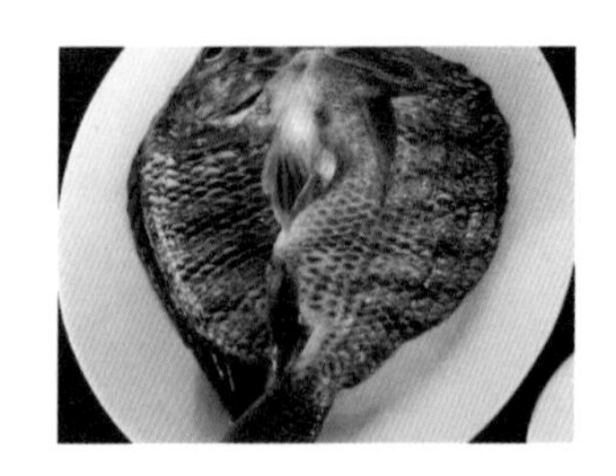

（2）热锅过油，油温七成热时放入鱼块以小火慢煎至鱼块表面金黄、鱼鳞（鲤鱼保留鱼鳞）呈金黄香脆时，铲出待用。

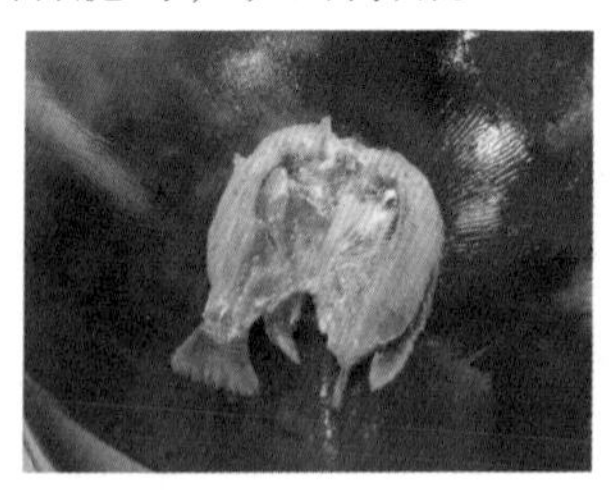
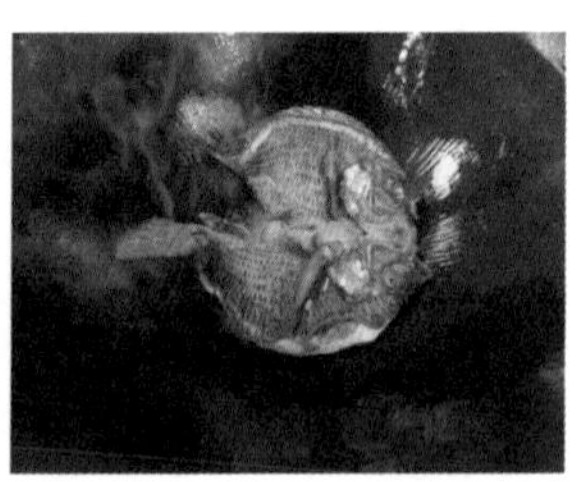

（3）锅刷净，热油放入姜粒和蒜粒和葱粒、红泡椒蓉、1/3 番茄块爆香，再放入煎好的鱼、啤酒、生抽、老抽（调色）、蚝油、胡椒粉、青红椒片、余下 2/3 番茄块，小火焖 3~5 分钟收汁，撒葱花即成。

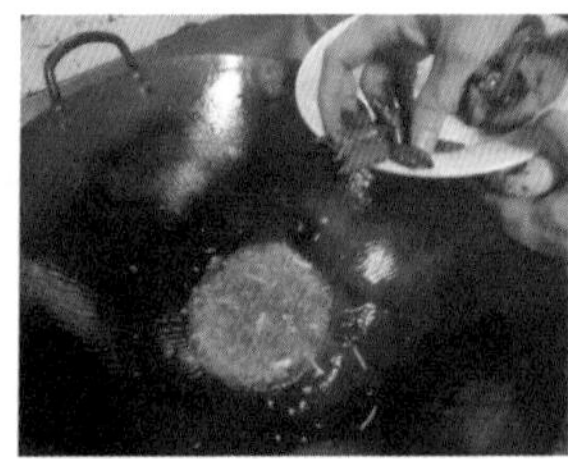

（4）出锅成品。

【成菜特点】

色泽鲜亮，肉质鲜嫩，味鲜微辣。

实训报告与知识链接

【大师点拨】

1. 制作过程中不能加水，只能靠啤酒增加水分，既去腥又增香。

2. 中小火收汁自然成芡。

3. 番茄分两次炒，一是取色二是要其味。

【创意引导】

1. 食材的变化：本菜使用草鱼、罗非鱼、鲤鱼、青竹鱼都可以，但漓江鲤鱼最适合做啤酒鱼。

2. 口味的变化：在原来的调料基础上加入孜然，成菜味道会更浓郁。

3. 烹饪技法的变化：啤酒入菜可以衍生出不同口味的菜品，如“啤酒鸭”“啤酒虾”“啤酒牛仔骨”等。

山黄皮烧全鱼的制作

任务八 花菇醉全鸭的制作

【任务情境】

除夕年夜饭餐桌上亲朋齐聚、团圆美满，这样热闹喜庆的氛围，人们总少不了交杯换盏。一道桂菜经典——“醉鸭”，其口味老少皆宜，很适宜出现在除夕夜“酒不醉人鸭自醉”的年夜餐桌上。

【任务目标】

知识目标：1. 了解醉鸭的制作流程和要领。

2. 学习本地特有原料与菜品的有机结合。

技能目标：能熟练掌握对原料进行走红上色和醉制的烹饪技法。

情感目标：培养学生良好的职业习惯和专业素养。

【任务实施】

实训报告与知识链接

1. 制作原料：

主料：光土鸭 1 只（约 1500 克）

配料：上海青 500 克、香菇 8 克、姜葱蒜 15 克

调料：花雕酒 1 瓶（500 毫升）、生抽 20 克、老抽 5 克、盐 2 克、白糖 10 克、香料（草果、陈皮、桂皮、八角）15 克、胡椒粉 3 克、生粉 5 克、食用油 1000 克

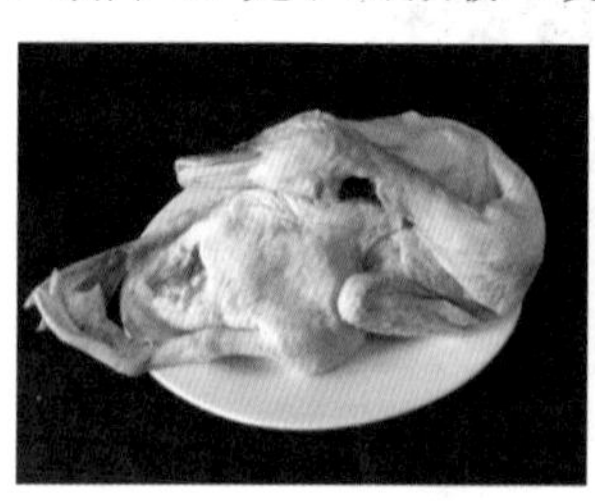

2. 制作过程：

（1）将鸭子剔除尾椎，剁下鸭脚备用，鸭头塞进鸭肚子里。给鸭子全身均匀地抹上老抽上色。

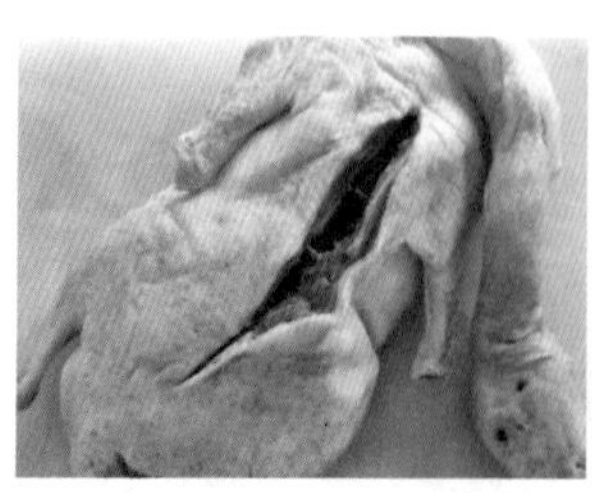
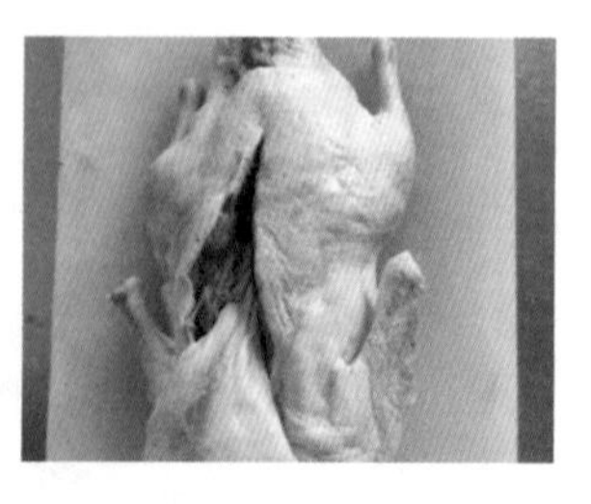

（2）备大半锅油，烧至八成热，将鸭子投入油中走红，炸至外皮金红色。

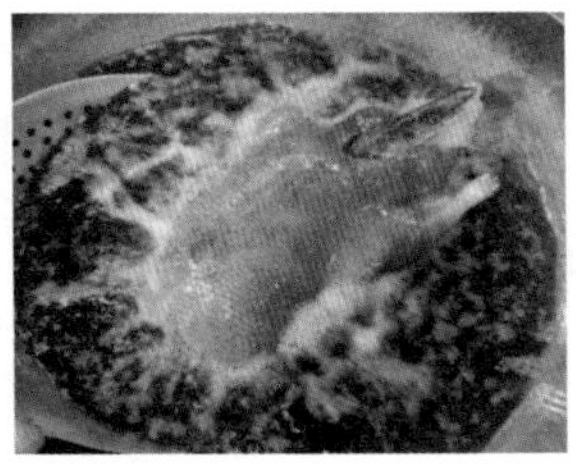
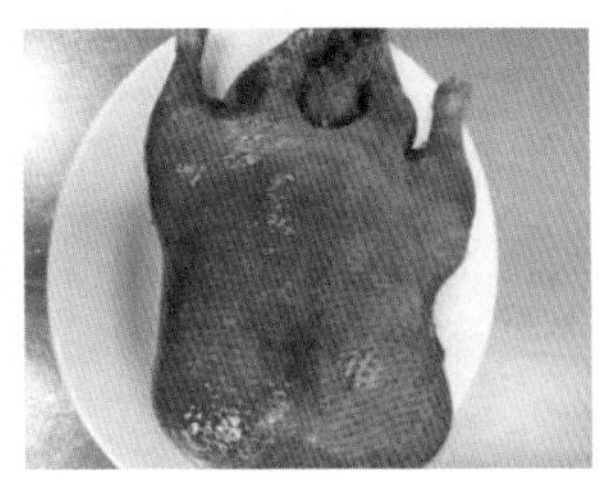

（3）锅留余油，爆香香料、姜、葱、蒜，加入半锅水，然后调入盐、胡椒粉、生抽、老抽、白糖、花雕酒，开大火将汤汁烧开待用。

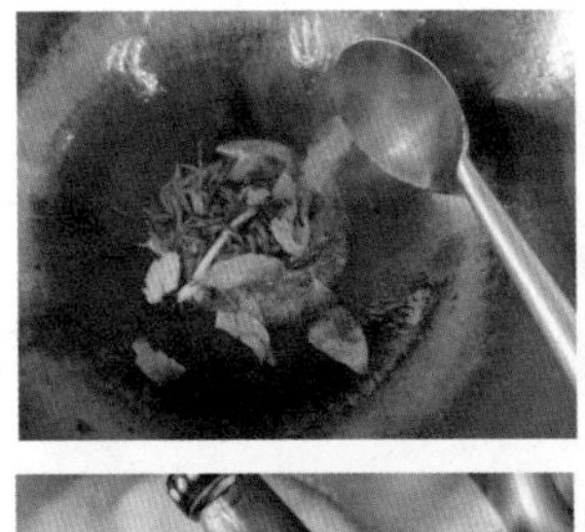

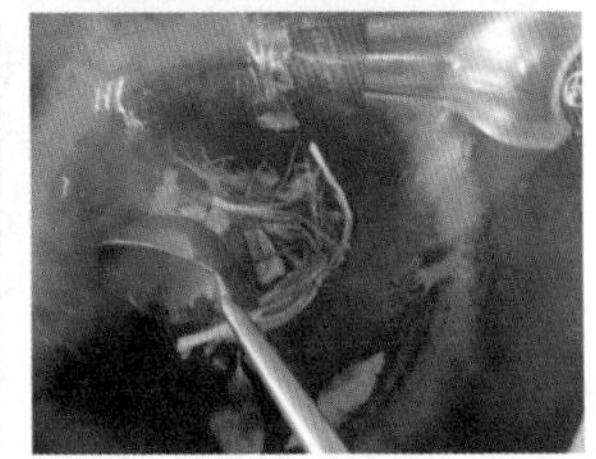

（4）将鸭子和香菇放入调好的汤汁中，烧开汤汁小火焖 1 小时左右至入味肉软烂。

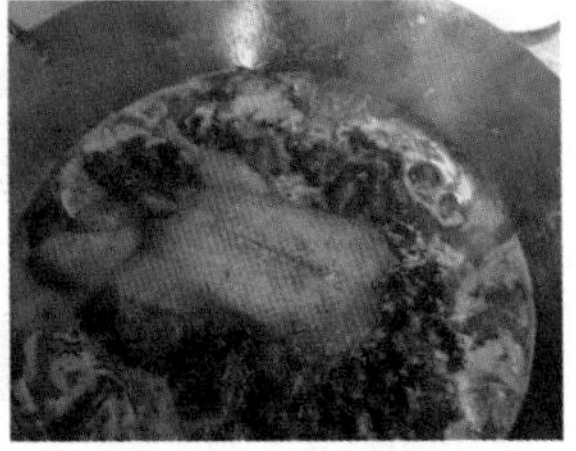

（5）上海青焯水，捞出。小心取出鸭子装盘摆好，将焯过水的上海青围绕鸭子摆放一圈，再取 2 勺原汁鸭汤下锅，用生粉水勾芡淋入鸭中即大功告成。

 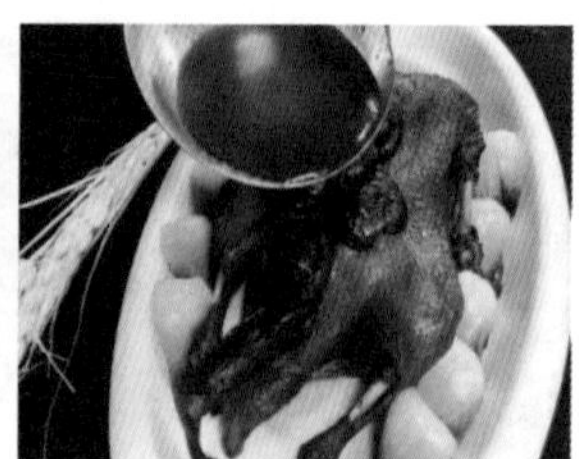 

【成菜特点】

色泽金红，味道醇香略甜，肉酥骨烂，筷子一夹即骨肉分离，醉鸭形整而不烂。

【大师点拨】

1. 鸭子走红上色不可上得太深，焖制过程中还要用老抽调色。

2. 加入花雕酒一是去腥增香，二是突出地方风味。

3. 将鸭子焖制（或蒸制）60 分钟以上，鸭子以肉酥烂皮不烂、入口即可脱骨为好。

【创意引导】

1. 酒入菜的品种变化：中餐中酒入菜的菜品有很多种，如“花雕醉全鸡”“醉虾”“红酒雪梨”等菜品。

2. 食材的变化：通过配料食材的改变为菜品增添意义，比如加入莲子、红枣，婚宴中寓意新人“早生贵子”。

吉祥酿三宝的制作

任务九　甜酒鱼的制作

【任务情境】

付老板经营一家私房菜馆，这天一位广西籍顾客想要尝尝桂菜特色代表菜“甜酒鱼”。这位顾客离开家乡多年，十分想念家乡的味道。付老板是广西人，也在外工作多年，听到顾客的需求，也涌起思乡之情，于是老板就做了一道家乡特色甜酒鱼，顾客吃后倍加赞赏。鱼香味，酒味，外酥里嫩，鱼味酱汁浓郁。顾客吃到了家乡的味道。

【任务目标】

知识目标：了解甜酒鱼的原料性质与使用细节要求。

技能目标：1. 能够掌握炸的烹饪技法的操作要求。

2. 能够掌握收汁的技术要领。

3. 能够掌握烹饪火候控制方法及技术细节。

情感目标：1. 培养学生对不同烹饪技法的探索与学习的兴趣。

2. 提高学生对桂菜做法、桂菜原料的融合创新能力。

【任务实施】

1. 制作原料：

主料：罗非鱼 1 条

配料：甜酒 250 克、姜 20 克、葱 20 克、蒜 10 克、朝天椒 2 个、青椒半个、红椒半个、番茄 2 个

调料：盐 2 克、鸡精 2 克、白糖 50 克、料酒 10 克、醋 50 克、高汤 300 克

2. 制作过程：

（1）初加工：洗净主配料，罗非鱼两面打上花刀，用一半的姜和葱加料酒抓出姜葱汁待用，将剩余的姜、葱和蒜切粒，朝天椒、青红椒切粒，番茄去皮切小丁。

 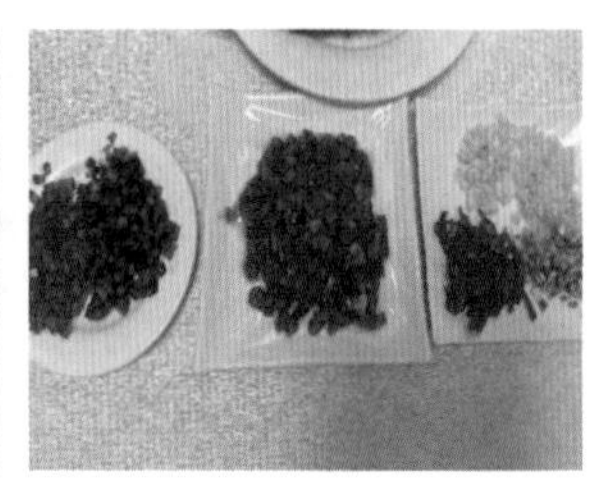

（2）腌制：罗非鱼控干水分，用姜葱汁以及三味腌制 15 分钟。

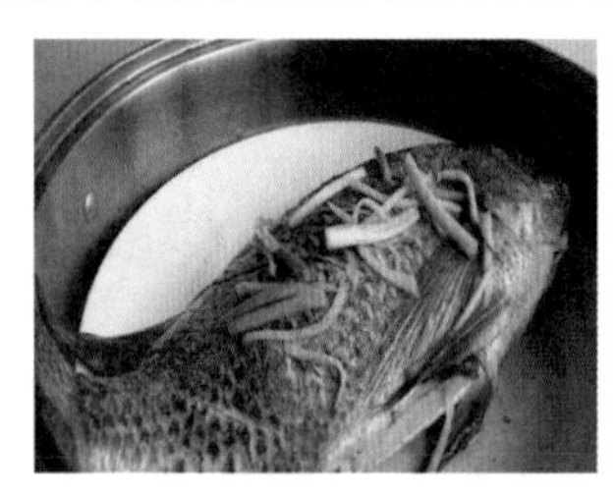

（3）炸鱼：将腌制好的鱼拍上生粉，抖掉多余的生粉，烧油至六成热放入鱼炸制，待鱼表皮微黄捞出，再加热油，放入鱼复炸至金黄色捞出控油备用。

（4）调汁烹制：热锅冷油放入白糖炒出糖色，加入两勺高汤，放入料头、番茄、甜酒、醋、盐，待汁收至一半放入青红椒粒，再勾芡。

 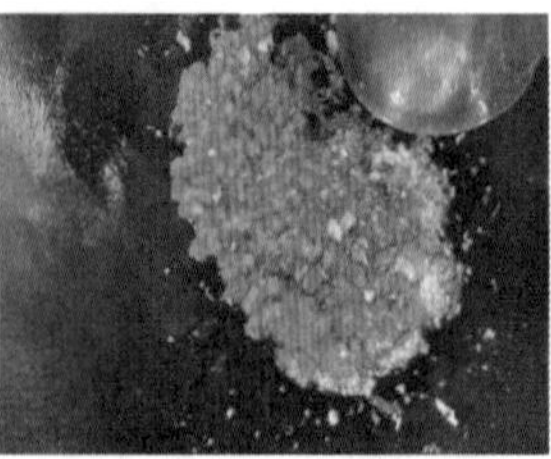 

（5）装盘成菜：把炸好的鱼取出装盘淋上汁，点缀即可出品。

【成菜特点】

香味浓郁，皮脆肉嫩，色泽红亮。

实训报告与知识链接

【大师点拨】

1. 鱼要选用两斤左右的罗非鱼口感会更好。

2. 腌制时要注意鱼的每个部位是否能腌制到位，这样成品不会有鱼腥味。

3. 如要增加颜色可以加入少许番茄酱，成品会变得颜色更红，让人更有食欲。

【创意引导】

1. 食材的变化：可以使用各种海鲜食材提升甜酒菜品的档次，制作出“甜酒虾”“甜酒鲍鱼片”“甜酒响螺片”等菜品。

2. 盛器的变化：通过使用小宝鼎、西餐位上平圆盘等盛器，增加菜品意境，营造就餐氛围。

任务十　风味炒牛杂的制作

【任务情境】

初夏，天气慢慢转热，饭店里火锅开始退场。红牛牛杂店开始研究夏季新菜谱，牛杂是本店的招牌，冬天牛杂都是以火锅为主，不适于炎炎夏日。饭店厨师想到了炒牛杂，通过市场调查分析，制定了符合当地口味的“风味炒牛杂”这道菜。牛杂配以酸笋、泡椒、紫苏、假蒌等原料，微辣鲜香爽脆，广受食客们的喜爱。

【任务目标】

知识目标： 能说出牛杂的不同种类及特点。

技能目标： 1. 能够掌握风味炒牛杂的原料搭配方法。

2. 能够掌握风味炒牛杂的烹饪技巧及要领。

情感目标： 1. 培养学生对风味菜品的学习兴趣。

2. 加深学生对地方特色菜品的了解及认知。

【任务实施】

1. 制作原料：

主料：牛肉 80 克、牛百叶 120 克、牛光元 100 克、牛黄喉 80 克、牛肝 80 克、牛血 150 克

配料：酸笋 100 克、泡椒 25 克、紫苏 15 克、假蒌 15 克

调料：盐 2 克、鸡精 2 克、胡椒粉 1 克、生抽 3 克、蚝油 10 克、香爆酱 20 克、姜葱蒜适量、生粉 5 克

2. 制作过程：

（1）初加工：主配料分别洗净，牛肉、牛百叶、牛光元、牛黄喉、牛肝分别切片并腌制，牛血切块待用，酸笋、紫苏、假蒌、姜切丝，葱切段，蒜切粗粒，泡椒斜切。

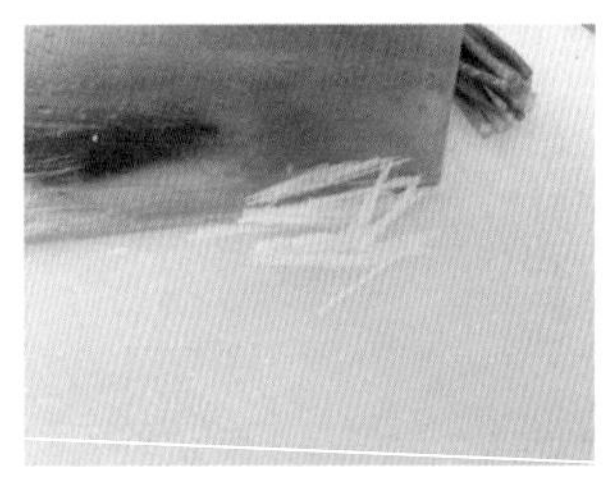

（2）初成熟：将牛百叶、牛光元、牛黄喉、牛肝焯水至八成熟，酸笋煸炒去水汽待用。

（3）烹制：锅中放水烧开，将牛血焯水至熟捞出备用，热锅冷油，下姜、葱、蒜、泡椒爆香，放入牛肉煸炒至八成熟，再放入香爆酱，将酸笋、牛百叶、牛光元、牛黄喉、牛肝用三味、生抽、蚝油调味翻炒均匀，加入紫苏、假蒌，勾芡淋入尾油即可出锅。

（4）出品：用牛血垫盘底，按要求摆盘点缀即可出品。

实训报告与知识链接

【成菜特点】

味道鲜嫩，口感爽脆。

【大师点拨】

1. 在选牛肚时我们应该做到：一看，看牛肚表面是否干净无异物；二摸，新鲜牛肚有一定的弹性，撕扯不断；三闻，新鲜牛肚味道较淡，无异臭味。

2. 在清洗牛百叶时要将每叶都翻出冲洗干净。

3. 相比牛百叶、牛光元、牛黄喉，牛肝需要焯水的时间要长一些，所以要分开焯水。

4. 炒牛杂需要用猛火快炒，火候掌控非常重要。

【创意引导】

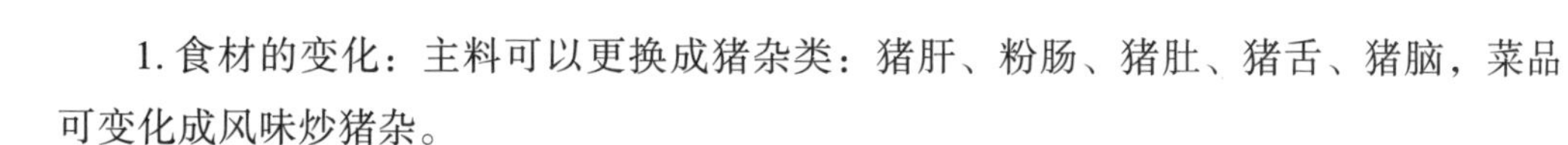

1. 食材的变化：主料可以更换成猪杂类：猪肝、粉肠、猪肚、猪舌、猪脑，菜品可变化成风味炒猪杂。

2. 口味的变化：风味炒牛杂属于微辣味型，我们可以把它变化成酱香味型、老友味型或麻辣味型。

文桥醋血鸭的制作

任务十一　广西地方风味菜品任务考核

有一天，999 餐厅迎来了一位归国华侨，他是土生土长的南宁人。年轻的时候为了生活通过亲戚的关系去美国打工，一走就是三十多年。这次回到南宁他想寻找儿时的味道，特别想吃风味炒牛杂。他通过朋友了解到有一家 999 餐厅，这家餐厅近些年一直努力地去传承南宁地方传统菜品。

今天餐厅的主厨是刚从某职校烹饪专业毕业两年的大明。大明是从农村走出来的，家庭条件不是很好，在学校读书的时候非常勤奋刻苦，学习主动。他的专业基本功非常扎实，毕业以后很快就能上手，得到了厨房大师傅的欣赏，在短短不到两年的时间大师傅就安排他上锅。大明接到点单以后按照风味炒牛杂的用料配好料。

请你根据风味炒牛杂的制作工艺，完成这道菜品的制作并完成下表。

菜品名称		完成日期		表格填写人	
团队成员					
评分要素	评价标准描述			配分	自评得分
任务设计				10	
任务分工 用时分配				20	

（续表）

<table>
<tr><td>菜品选料</td><td colspan="3"></td><td>8</td><td></td></tr>
<tr><td>刀工成形</td><td colspan="3"></td><td>5</td><td></td></tr>
<tr><td>菜品调味</td><td colspan="3"></td><td>10</td><td></td></tr>
<tr><td>脆浆配比
与调制</td><td colspan="3"></td><td>20</td><td></td></tr>
<tr><td>火候
与油温运用</td><td colspan="3"></td><td>10</td><td></td></tr>
<tr><td>成菜特点</td><td colspan="3"></td><td>7</td><td></td></tr>
<tr><td>卫生习惯</td><td colspan="3"></td><td>10</td><td></td></tr>
<tr><td>设计能力评价</td><td></td><td>教师评分</td><td></td><td>自评总分</td><td></td></tr>
</table>

模块五　宴席与宴席创意菜品制作

任务一　宴席与宴席创意菜品认识

【任务情境】

厨师小帅被任命为广美国际大酒店的中餐厨房厨师长。上任后他接到的第一个任务就是改良酒店的宴席菜单并开发创意菜品。小帅到餐饮协会找资深烹饪大师请教如何进行宴席菜品创新。烹饪大师们给小帅的建议是：万丈高楼平地起，要掌握菜品创新之法还是得从宴席创意菜品的特点和宴席设计的基础知识学起，在掌握了基础知识之后，才能在实际操作中灵活运用菜品创新之法让酒店的宴席菜单新品迭出。

下面我们和小帅一起来学习宴席菜品创新的基础知识。

【任务目标】

知识目标：1. 能够掌握宴席设计的要求和原则。

2. 能够掌握宴席创意菜品的特点。

3. 能够掌握宴席创意菜品创新的原则。

技能目标：能够按照宴席菜单的设计要求和原则设计宴席菜单。

情感目标：1. 培养学生对中餐的学习兴趣，为宴席菜品实操奠定良好的专业基础。

2. 培养同学们探索厨艺未知知识领域的兴趣。

【任务实施】

宴席又称筵席、酒席，是指具有一定规格质量的供人们社交聚食的一整套菜点。宴席具有规格化、聚餐式、社交性三个显著特点。

烹饪，本身就是一门艺术。随着社会生活的多样化、多元化，餐饮形式也呈现出各显神通、百花齐放的局面。特别是我国加入 WTO 之后，中西烹饪的交流与借鉴增多，不同烹饪技法、餐饮食材、装盘理念快速地交汇融合，中餐大师们开始尝试“中菜西做”“西为中用”，遵循着“中餐为体”“西餐为用”的原则，创新改良出了一大批创意菜、融合菜、意境菜。在传承中创新，古为今用，洋为中用，为食客呈现集菜品视觉、嗅觉、味觉于一体的烹饪艺术，而食客们可从餐盘有限的方寸之间体味我国餐饮文化的博大精深。

创新，是餐饮行业永恒的主题。近几年，餐饮行业的高速发展得益于我国经济的健康快速发展及国民收入水平的持续提高。经济的发展使得社会经济交往和商务会展活动增加，从而推动了餐饮业的发展。人们在讲究健康饮食的同时也开始注重菜品的视觉艺术性，对餐饮艺术的要求也在不断提升，宴席菜的创新与改良也就成了烹饪行业孜孜追求的目标。餐饮店要想长久生意兴隆，顾客盈门，最关键还是在菜品。稳定的菜品质量，是留住顾客的前提，而要使回头客成为永久客，不断创新菜品品种是制胜的关键。

一、宴席设计

宴席设计是直接关系到宴席成败的关键。宴席设计包括环境设计、席面设计、附属设备设计、菜单设计，其中最主要的是菜单设计。菜单设计要考虑到各方面的因素，并不是随意制订的，也不是一成不变的，必须视具体的情况而定。

1. 宴席设计的要求：

（1）原料选用的多样性；

（2）烹饪技法的多样性；

（3）滋味调和的起伏性；

（4）菜品色彩的协调性；

（5）菜品形状的丰富性；

（6）菜品质感的差异性；

（7）菜品品种的比例性；

（8）菜品组合的科学性。

2. 宴席菜单设计的原则：

宴席餐单设计的原则是以宾客需求为中心，以经营特色为重点，以客观因素为依据，以尽善尽美为目标。因人布菜，因意布菜，因季布菜，因价布菜。此外，宴席菜单设计时还要考虑以下方面。

（1）把握宾客习俗特征：了解宾客的年龄、性别、职业及参加宴席的目的，以及其饮食习惯、喜好、禁忌等。

（2）分析宾客消费心理：分析宾客对宴席菜品的心理需求，以客人的需求为导向，才能让客人满意。

（3）菜品数量适度：菜品的品种、形式、数量是由宴席的规格和档次决定的，宴席菜品的量以每人进餐500克为宜。

（4）菜品时令特点：选用应季的时令原料制作菜品；结合季节特征设计菜品的色彩和口味。

（5）菜品营养均衡：菜品结构平衡能促进营养成分消化吸收；菜品荤素搭配能刺激胃口，增强食欲；菜品酸碱平衡能增强口味体验感。

（6）菜品搭配合理：菜品口味搭配要多样，富于变化；菜品色彩搭配要比例调和，美观诱人；菜品品种搭配要做到主料尽量不重复。

3. 中式宴席菜单实例赏析：

（1）寿宴菜单实例：

红油肚丝 芥辣极贝
老醋蜇头 梅子藕片
桂花山药 蜜汁双果
松鹤延年拼
三丝长寿面
金汤鱼肚羹
锦绣炒虾球
鲍汁扒辽参
养生石榴球
钵酒焗生蚝
新菇扣水鱼
孔雀开屏鲟龙鱼
鸡汁云耳拼菜心
寿桃 黑米八宝粥
双色水饺 水果拼盘

（2）婚宴菜单实例：

手撕牛肉 椒盐河虾
千层猪耳 怪味腰果
姜汁云耳 蓝莓淮山
五彩迎宾拼
虫草水鸭汤
雀巢锦绣丁
鲍汁扒鹅掌
明炉吊烧鸽
蒜蓉蒸带子
柚皮藏珍宝
宫保鲜虾球
葱油蒸桂鱼
高汤娃娃菜
扬州炒饭 美点双辉
雨花汤圆 水果拼盘

（3）商务宴菜单实例：

胭脂藕片 话梅芸豆
姜汁云耳 盐水虾仁
烧椒鹌蛋 风干鸭舌
港式烧卤什锦拼
山药茯苓炖乳鸽
珍珠芙蓉炒蟹肉
双味天妇罗炸虾
木瓜竹荪扣鱼肚
茉莉茶香掌中宝
川味水煮全家福
火龙极贝香芒卷
泰式柠檬蒸鲈鱼
生炒爽脆水东芥
蛋黄酥 香芋西米露
黄金炒饭 水果拼盘

4. 宴席的上菜程序：

在宴席中，上菜是有一定的程序的，其原则是先冷后热，先炒后烧，先咸后甜，先淡后浓，先荤后素，荤素间隔。具体上菜程序各个地方有一定的差异，需因地制宜。例如南方先上开胃汤，后上冷菜、热菜等；北方先上菜，后上汤；还有个别地区先吃饭，再上冷菜喝酒。宴席上菜也和戏剧一样，具有节奏感，犹如一曲优美的乐章，由序幕到高潮再到尾声。

广西地区上菜的程序是：冷菜小碟→冷拼→汤羹→热菜→点心→甜菜→水果。其中热菜上菜程序最好将带汁和不带汁的菜品、荤素菜品间隔开上菜。

二、宴席创意菜品的特点

1. 菜点配套成龙，上菜先后有序；
2. 菜品品种丰富，口味口感多样；
3. 盛器精巧雅致，讲究菜品美感；
4. 重视膳食搭配，注重改良创新。

三、宴席创意菜品创新的原则

宴席创意菜品应遵循如下原则：承袭传统，物无定味，菜无定格，烹无定法，适口者珍；成菜讲究粗料细做，形量协调，香气蕴藉，装盘清秀雅致，口味浓淡相宜。

四、宴席创意菜品赏析

五彩养生石榴球

异果泰汁焗生蚝

奇妙凤梨鬼马虾

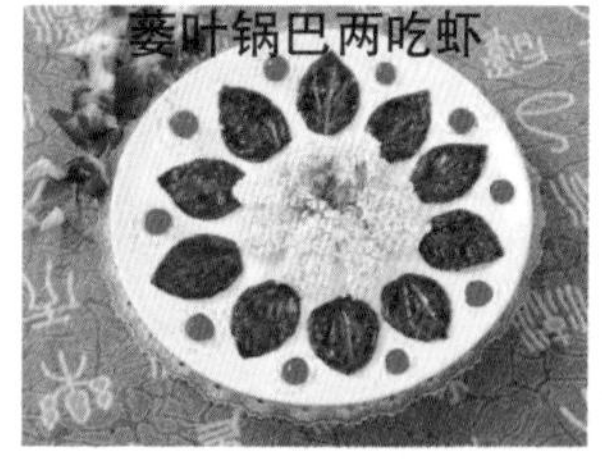
萎叶锅巴两吃虾

鱼柳果香萨其马

黑椒培根野香菌

盐罐茄汁焗大虾

芥末辣香龙须卷

茶香小椒酥肉丸

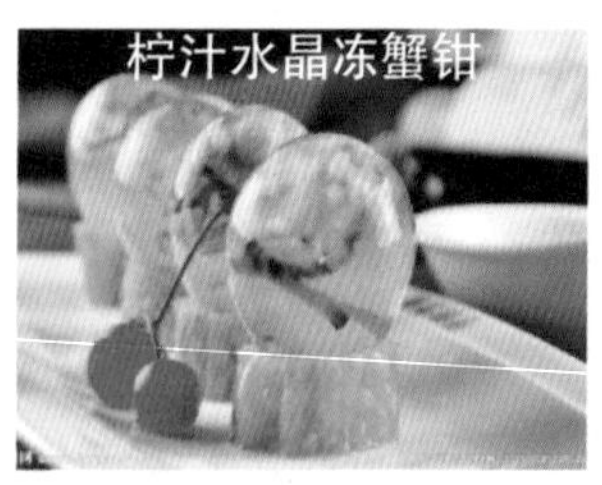
柠汁水晶冻蟹钳

芦笋黑椒烧带子

葱香白卤小羊排

浓香鲜鲍扒牛蹄

知识链接

任务二　水煮海鲜全家福的制作

【任务情境】

广美国际大酒店接到一单家宴宴请，宾客是来自天府之国——四川的客人。由于本次宴请的餐标较高，需要设计价位较高的菜品。根据四川客人无辣不欢的饮食习惯，厨师长张帅决定将菜单中的水煮牛肉升级为“水煮海鲜全家福”。这道菜色泽红亮、麻辣鲜香，一上桌热气腾腾、香气扑鼻。这道菜不仅在口味上迎合了四川人偏爱麻辣的口味，而且“全家福”的寓意给了宾客更多的惊喜，备受四川宾客赞赏。

传统川菜“水煮牛肉”是全国各地商务宴、寿宴、婚宴中常见的经典名菜。本节教学菜品水煮海鲜全家福是水煮牛肉的升级版，延续了水煮牛肉麻辣鲜香的口味，延续了水煮的烹饪技法，将主料升级为各种海鲜原料，使得这道菜别有一番风味！下面我们就来学习这道创新菜品。

【任务目标】

知识目标： 了解水煮类菜品的成菜特点与操作要领。

技能目标： 1. 够独立完成花蟹的宰杀与其他海鲜原料的处理任务。

2. 能够独立调制麻辣味型并能够用看、闻、尝的方法鉴别麻辣汁的味道。

3. 能够按照菜品流程在规定时间内完成水煮海鲜全家福的制作。

情感目标： 1. 培养学生探索厨艺未知领域的兴趣。

2. 培养学生的菜品创新思维与创新行动力。

【任务实施】

1. 制作原料：

主料：鲜活大虾 100 克、花蟹 2 只、鱿鱼 1 只、指甲螺 100 克、花甲螺 100 克

配料：娃娃菜 200 克、干辣椒 50 克、姜葱蒜片各 15 克、蒜蓉 20 克、葱花 10 克、骨汤适量

调料：盐 5 克、味精 6 克、鸡精 8 克、生抽 25 克、老抽 8 克、料酒 10 克、花椒粉 5 克、红油 50 克、花椒油 10 克、火锅底料 50 克、郫县豆瓣酱 30 克

2. 制作过程：

（1）初加工：将花蟹宰杀，去蟹鳃、蟹肠、蟹心、蟹胃（沙袋），洗净，斩成块。鲜活大虾剪去虾足、虾须及虾枪，挑去虾线。鱿鱼去膜、内脏，洗净，打麦穗花刀，加入姜、葱、料酒腌制。花甲螺、指甲螺用清水加盐、少许油浸泡 30 分钟，冲洗干净。娃娃菜摘去老叶，切去菜心，改刀成条；郫县豆瓣酱剁碎，备用。

（2）初加热：制作刀口辣椒，将干辣椒剪成小节。锅内放少许油，放入干辣椒小火慢炒至酥脆，呈枣红色，倒出，剁成辣椒碎。净锅上火，加入清水、料酒烧至水沸，下入虾、蟹、鱿鱼、花甲螺、指甲螺焯水至断生，捞出沥水。

（3）烹制：净锅上火，亮锅，入红油，下入姜葱蒜片、郫县豆瓣酱炒至酱酥油红，下入火锅底料炒香，下入骨汤、料酒，烧开后调味、调色，滤渣；下入娃娃菜煮熟，捞出沥水，装入盛器中垫底；下入主料，勾芡，淋红油、花椒油，装入盛器。

（4）成品：在菜品表面撒上蒜蓉、刀口辣椒、花椒粉、葱花；净锅上火，下入油烧至六成热，淋于菜品表面，撒上葱花，即成。

【成菜特点】

色泽红亮，麻辣鲜香，肉质脆嫩，回味悠长。

实训报告与知识链接

【大师点拨】

1. 花蟹的鳃、心、肠、胃较寒，应去除，不宜食用。自然死亡的蟹不宜食用。
2. 应选用鲜活的蟹、虾、鱿鱼、花甲螺、指甲螺，成菜鲜香味更足。
3. 鱿鱼打花刀应在鱿鱼内侧，下刀深度一致，间隔均匀。
4. 花甲螺、指甲螺加清水放盐、少许油浸泡，可使其吐尽泥沙。
5. 主料焯水应用旺火沸水锅，焯水至断生即可，不宜久煮。
6. 炒制豆瓣酱、火锅底料应选用中小火慢炒至酱酥油红，避免大火炒糊。
7. 酱料炒香后，下入骨汤，先调味、调色，将酱料煮出味后再滤渣，成菜才美观。
8. 水煮汤汁煮开后，下入主料，烧开后迅速勾芡，勾芡稠度以米汤芡为宜。
9. 虾、蟹、鱿鱼、指甲螺、花甲螺装盘宜拼摆整齐，成菜更美观。
10. 出锅炝油时，油温应烧至六成热，才能将蒜蓉、葱花、花椒粉、刀口辣椒炝香。

【创意引导】

1. 食材的变化：海鲜类主料可以更换成猪杂类食材：猪肝、粉肠、猪肚、猪舌、猪脑，菜品变化成水煮猪料全家福。

2. 口味的变化：可将麻辣味型变化成酸辣味型、咖喱味型等。酸辣味型可用贵州酸汤鱼的酸辣汤变化成酸汤海鲜全家福，或者用泰式冬阴功汤的酸辣汤变化成冬阴功海鲜全家福，也可以用东南亚风味的咖喱汁变化成咖喱海鲜全家福。

3. 盛器的变化：传统的盛器为海碗或者汤古，可选用烧热的石锅，上桌时汤汁翻腾、热气腾腾更具气氛；也可选用玻璃灯影使菜品更上档次。

任务三 壮乡红烧狮子头的制作

【任务情境】

厨师小帅到扬州学习淮扬菜，对“红烧狮子头”偏爱有加。学习结束后返回工作的酒店，小帅计划将一道创新的红烧狮子头列入酒店的菜单。小帅的想法是将红烧狮子头融入广西本土的元素，开发出一道具有广西特色的红烧狮子头。请你帮小帅想想：能够利用哪些广西特色食材来制作这道创新的“壮乡红烧狮子头”？

小帅经过反复尝试，选取陆川土猪的五花肉作为主料，加入了一款桂北古代贡品荔浦芋头作为配料，制作出的壮乡红烧狮子头醇香味浓、香糯不腻，备受好评！下面我们就来学习这道创新的壮乡红烧狮子头！

【任务目标】

知识目标： 了解烹饪技法红烧的工艺流程。

技能目标： 1. 掌握猪肉胶的制作工艺与操作要领。

2. 掌握狮子头的成形工艺与炸制方法。

情感目标： 1. 培养学生良好的职业素养和行为规范，为今后进入行业奠定良好的专业基础。

2. 培养学生信息收集与处理能力、语言组织表达能力以及创新思维与创新行动力。

【任务实施】

1. 制作原料：

主料：五花肉 500 克

配料：荔浦芋头 300 克、上海青 12 棵、姜葱末各 15 克

调料：盐 10 克、味精 8 克、鸡精 12 克、生抽 25 克、老抽 8 克、料酒 5 克、八角 5 克、花椒 4 克

2. 制作过程：

（1）初加工：荔浦芋头去皮，切成 0.5 厘米见方的丁，清水清洗后放入五成热油锅中炸至浮起，捞出沥油；上海青摘去老叶，洗净，留下菜胆。

（2）制作肉丸子：五花肉洗净，去皮，剁成米粒大小，加入姜、葱、料酒，调味，顺着一个方向搅打上劲，加入芋头丁翻拌匀匀，放葱油拌匀。将猪肉打出胶，团成 150 克一个的肉丸子，表面抹少许生粉，放入五成热油锅炸至表皮结壳、定型。

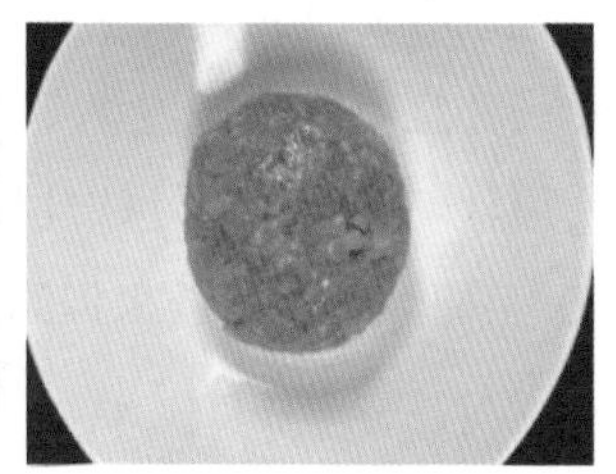

（3）烹制：炒锅上火，加入底油，炒香姜片、葱条、八角、花椒，下入骨汤，调味、调色，下入肉丸子大火烧开，转入砂锅，小火煲制 45 分钟，至肉丸子酥烂，捞出沥干水分，装盘。炒锅上火，入底油，加入烧肉丸子的原汤，勾芡，淋在肉丸子上。

（4）摆盘出品：炒锅上火，加清水烧开，放入盐、油，放入菜胆焯水至熟，捞出围在肉丸子周围即可出品。

实训报告与知识链接

【成菜特点】

色泽红亮，醇香味浓，香糯不腻。

【大师点拨】

1. 主料宜选用猪五花肉或猪前腿肉，肥瘦比例六瘦四肥。
2. 五花肉宜切成米粒大小，肉丸中有缝隙才能富含汤汁，口感才好。
3. 制作猪肉胶应顺着一个方向搅打，才易上劲，口感脆弹。
4. 荔浦芋头丁炸制时保持五到六成热油温，炸至浮起，成品口感才软糯。
5. 炸肉丸时，在肉丸表面粘上少许生粉或者生粉水，能起到锁汁的作用。
6. 烧制时，一次加够骨汤，切忌中途加水加汤。
7. 烧制时，宜先大火烧开再转小火，慢火烧至入味。
8. 汤汁宜调成酱红色。
9. 原汁勾芡时，芡汁浓度以流芡为宜。
10. 菜胆焯水时，放少许油可以保持其色泽翠绿。

【创意引导】

1. 食材的变化：可将原料中的芋头换成土豆，口感同样浓香软糯；也可以换成马蹄，成品软糯中带着爽脆的口感，别有一番风味。

2. 形态的变化：可先改变肉丸单个大小，将传统的 150 克一个的肉丸改成 75~90 克一个的肉丸。

3. 造型的变化：改变传统的 4 个肉丸围摆的方式，可将其变成直排的摆放方式。

任务四　红玉木瓜粉丝带的制作

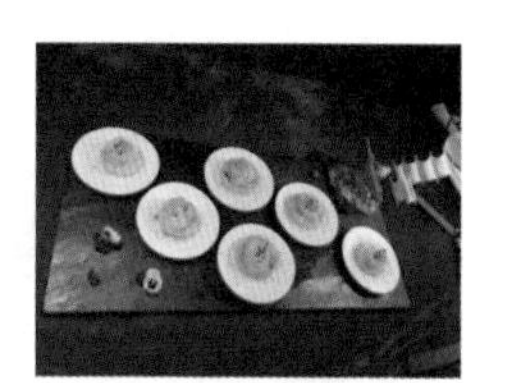

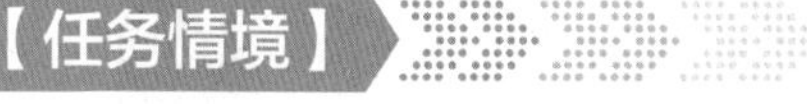

水果入菜是当下餐饮界的时尚做法，厨师小帅学会制作“蒜蓉粉丝蒸带子”后，想将这道菜结合水果入菜的做法创新出一道新菜。小帅经过反复尝试，最终选用了红心小木瓜搭配蒜蓉粉丝蒸带子创新出“红玉木瓜粉丝带”。红色的木瓜红艳诱人似红色玉环，粉丝如银丝般晶莹剔透，摆上洁白如玉的带子，再铺上金黄色的蒜蓉，成菜给人珍馐玉盘的美感。此菜一经推出，备受食客们推崇。请小组讨论，并跟全班同学分享属于水果入菜的三道菜品。

下面我们就来学习这道创新的红玉木瓜粉丝带。

【任务目标】

知识目标：了解带子、木瓜的原料性质及品质鉴选方法。

技能目标：1. 能够按照菜品要求对龙口粉丝进行泡发。

2. 能够按照菜品要求对带子进行清洗并进行腌制。

3. 能够按照菜品要求加工制作金银蒜。

4. 能够独立完成红玉木瓜粉丝带的制作。

情感目标：培养学生的菜品创新思维与创新行动力。

【任务实施】

1. 制作原料：

主料：冰鲜带子 10 个、红心小木瓜 2 个

配料：龙口粉丝 50 克、蒜米 100 克、葱花 15 克、鸡蛋 1 个

调料：盐 8 克、白糖 5 克、生粉 5 克

2. 制作过程：

（1）制作金银蒜。蒜米去蒂，剁成蒜蓉，用清水洗去蒜汁；取 1/3 蒜蓉用六成热油炝香，制成银蒜，放入盐、白糖调味；取余下 2/3 蒜蓉放入四到五成热油锅中，炸至浅黄色捞出，沥干油，制成金蒜，放入银蒜中拌匀，金银蒜即成。

（2）带子去内脏，洗净，打十字花刀，放入盐、蛋清、生粉拌匀腌制。

（3）粉丝用温水浸泡至变白变软，改刀长度为 15 厘米，放入盐、金银蒜拌匀。

 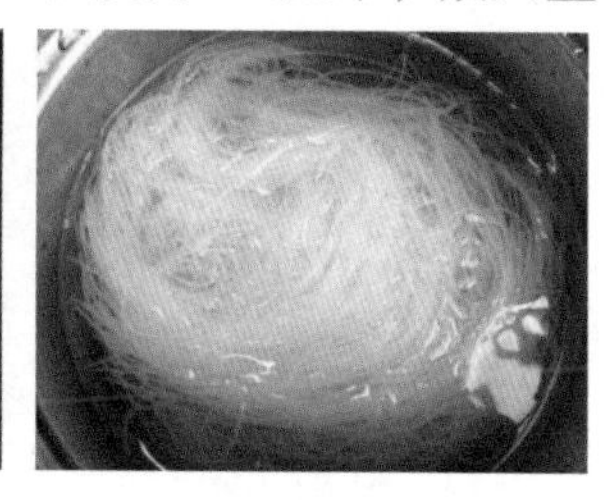

（4）木瓜去皮，去木瓜籽，洗净，切成圆环状，圆环厚度为 1.5 厘米，放入小碟中，木瓜环内部铺上粉丝，摆上带子，再淋上金银蒜。

（5）将木瓜粉丝带放入蒸笼，旺火蒸 4~5 分钟，取出，撒上葱花；起锅烧油，烧至六成热，将热油淋于菜品表面，即可出品。

【成菜特点】

实训报告与知识链接

红白相间，色泽美观，嫩滑多汁，鲜香可口，蒜香浓郁。

【大师点拨】

1. 选用直径为 12~15 厘米的红心小木瓜为宜。
2. 制作金银蒜时，要先洗去蒜汁，否则炸制后会有苦味。
3. 炸制金蒜时，炸至浅黄色即可捞出，沥油晾凉后即为金黄色。
4. 银蒜与金蒜比例为 1:2。
5. 腌制带子时，要先用洁布吸干水分再腌制。
6. 腌制带子时放少许蛋清会使带子肉质更细嫩。

7. 蒸制时，要旺火速蒸4~5分钟，蒸制时间过长带子口感会变得老而韧。

8. 炝油时，油温要六成热以上才能将银蒜炝香。

【创意引导】

1. 食材的变化：可将带子换成扇贝、生蚝、鲍鱼等鲜活食材。

2. 造型的变化：可将木瓜切条，一排木瓜、一排粉丝、一排带子，红白黄间隔摆盘，大盘成菜。

任务五 壮乡海味生菜包的制作

【任务情境】

厨师小帅要参加四年一届的广西少数民族菜大赛。小帅出生于京族三岛，在海边长大，对于各种海产品的制法都能够信手拈来。小帅的想法是将传统的壮乡生菜包加入更多的海产原料，使得生菜包更具有民族特色。在请教了多位京族菜烹饪大师之后，小帅最终选择了虾仁、瑶柱、蟹肉等海产原料，使得生菜包的口味更加干香脆嫩、鲜美爽口。最终小帅的菜品“壮乡海味生菜包”在比赛中拔得头筹，取得了比赛的一等奖。

下面我们就来学习制作这道壮乡海味生菜包。

【任务目标】

知识目标：了解壮乡海味生菜包的原料性质特点及品质鉴选方法。

技能目标：1. 能够按照成菜要求对瑶柱进行泡发。

2. 能够按照成菜要求将花蟹去壳取肉。

3. 能够按照菜品制作流程在规定时间内完成壮乡海味生菜包的制作。

情感目标：培养学生良好的职业素养和行为规范，为今后进入行业奠定良好的专业基础。

【任务实施】

1. 制作原料：

主料：虾仁 100 克、花蟹 2 只、瑶柱 50 克、西生菜 15 克

配料：鸡蛋 150 克、酸菜 200 克、水发木耳 100 克、姜葱蒜片各 15 克

调料：盐 8 克、白糖 5 克、美极鲜调味汁 15 克、花雕酒 20 克

2. 制作过程：

（1）初加工：①瑶柱泡发，洗净，用温水浸泡至软，加花雕酒、姜葱片，上笼蒸 20 分钟。将瑶柱手搓成丝状，放入 130℃油锅中，浸炸至干香，捞出沥油备用。

②酸菜取酸菜梗，切成粒状；水发木耳去根蒂，切成粒状；花蟹洗净，放入蒸笼蒸熟，去壳取肉，使肉中无壳；虾仁挑去虾线，切成粒状，码味上浆，腌制；鸡蛋加盐、味精调味，打散。西生菜洗净，剪成直径 10 厘米的圆片。

（2）初加热：①起沸水锅下入蟹肉、木耳、酸菜粒分别焯水，捞出，沥水备用；净锅上火，下入酸菜炒干水分，净锅留底油，下入酸菜粒，调味，炒香。

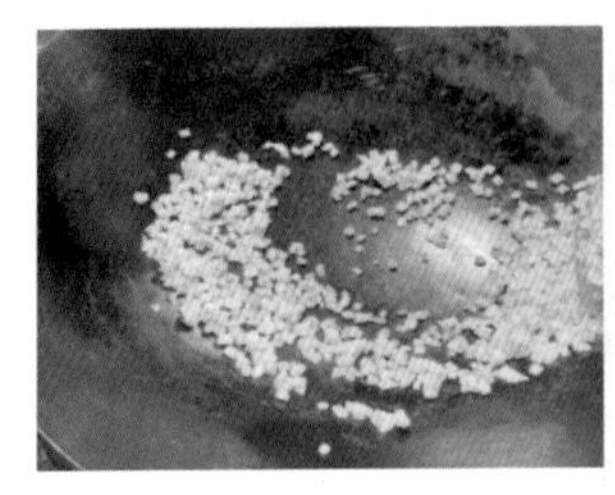

②净锅上火，下入油，油温三成热时下入虾仁滑油至断生，捞出沥油。净锅上火，热锅冷油，下入鸡蛋液，将鸡蛋液炒制成桂花状。

（3）烹制：炒锅上火，亮锅，留底油，下入小料炒香，下入主配料，烹入料酒，旺火翻炒，调味，勾薄芡，淋明油，出锅装盘。

（4）装盘：将西生菜码放整齐，随菜品一同上桌。

【成菜特点】

实训报告与知识链接

色彩艳丽，干香脆嫩，鲜美爽口。

【大师点拨】

1. 选用鲜活花蟹入菜，死蟹不宜食用。
2. 瑶柱泡发可用温水浸泡至透身，再用姜、葱、花雕酒蒸制发透。
3. 炸制瑶柱丝时，用 130~150℃油温，中小火浸炸至干香。
4. 酸菜宜选用酸菜梗入菜，口感爽脆。
5. 酸菜粒先焯水去除部分咸味，再炒干水分，成菜才更干香。
6. 炒鸡蛋前，先烧热锅，热锅冷油，可以防止鸡蛋粘锅。
7. 鸡蛋液应炒制成桂花状。
8. 此道菜勾芡时应勾薄芡或者不勾芡，成菜才会清爽干香。

【创意引导】

1. 食材的变化：可将海产原料变化成河鲜原料，如蚬肉、蚌肉等。

2. 口味的变化：可将咸鲜味型变化成酱香味型，加入黄豆酱或郫县豆瓣酱等；或者加入香辣酱、麻辣酱变化成香辣味型、麻辣味型。

任务六　大漠风沙一品蟹的制作

【任务情境】

一个商务公司为庆祝商务合作洽谈成功，在广美酒店宴请来自香港的商务团队，要求厨师长小帅安排一道适合两广人口味的下酒菜。经过思考，小帅决定将避风塘炒蟹的甘口焦香、脆而不煳的蒜香风味与辣味、豉味结合，在这个基础上开发出菜品“大漠风沙一品蟹”，创新地加入芋头末、薯片末等，将大漠风沙料与青蟹共烹，蒜香浓郁、口味和谐，大漠风沙料较蒜蓉料口味更丰富，更有层次感。菜品上桌后备受宾客好评！

下面我们就来学习这道大漠风沙一品蟹。

【任务目标】

知识目标：了解大漠风沙料的构成与配比。

技能目标：1. 能够独立制作金蒜。

2. 能够独立对青蟹进行宰杀及改刀。

3. 能够按照菜品制作流程在规定时间内完成大漠风沙一品蟹的制作。

情感目标：培养学生良好的职业素养和行为规范，为今后进入行业奠定良好的专业基础。

【任务实施】

1. 制作原料：

主料：青蟹 2 只

配料：荔浦芋头 80 克、蒜蓉 50 克、面包糠 30 克、干辣椒 30 克、香菜梗 30 克，薯片 20 克、姜葱蓉各 15 克

调料：盐 5 克、味精 5 克、料酒 10 克、美极鲜调味汁 10 克、辣鲜露 5 克、香辣蘸料粉 8 克

2. 制作过程：

（1）初加工：将荔浦芋头剁成末，用清水漂洗。薯片剁成末，香菜梗切成末。青蟹洗净，宰杀，去蟹鳃，去蟹肠，去蟹心，去沙袋，斩成块状。

（2）初加热：①芋头末放入四到五成热油锅中炸至干香，捞出沥油；面包糠放入四到五成热油锅中炸至酥脆，捞出沥油；蒜蓉用清水漂洗去蒜汁，沥干水，放入四到五成热油锅炸至金黄色，捞出沥油，即为金蒜。干辣椒洗净晾干。锅放少许油，小火将干辣椒炒至酥脆干香，捞出，剁碎。

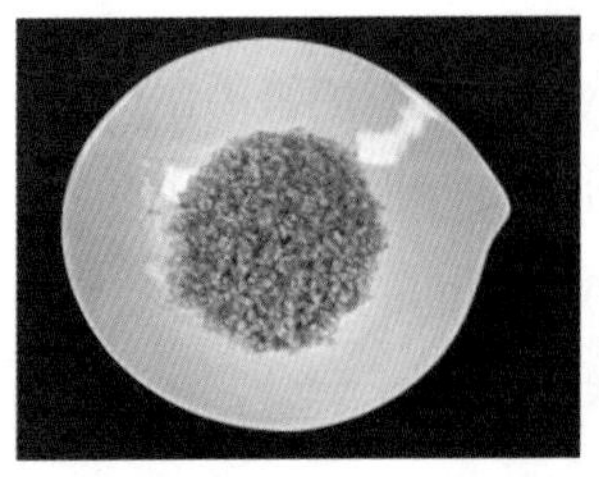

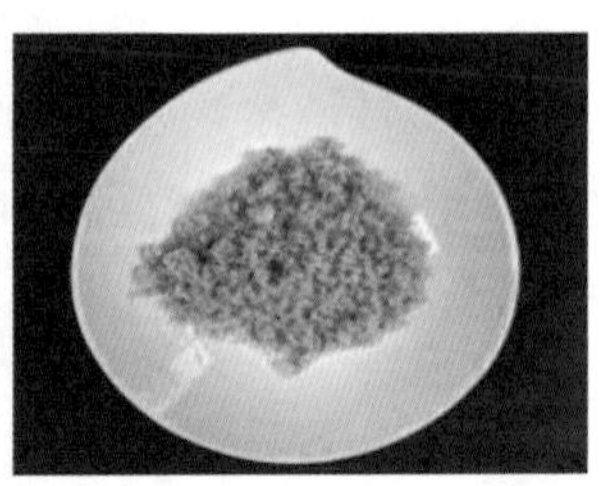

②净锅上火，放油，烧至六成热，将青蟹刀口处粘上生粉后放油锅炸至断生，捞出沥油。

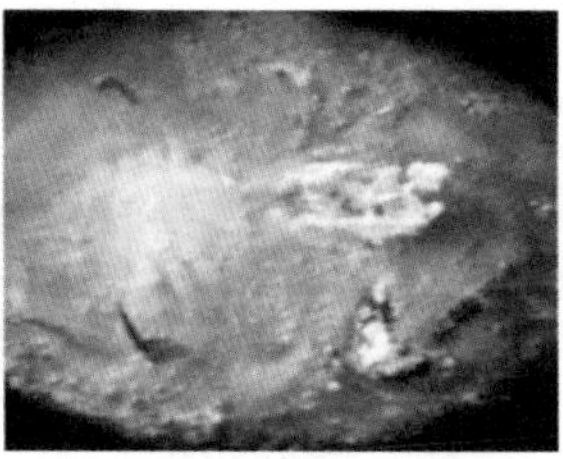

（3）烹制出品：炒锅上火，下底油，下入小料炒香，下入青蟹，烹入料酒、辣鲜露，小火炒香，下入干辣椒碎、芋头末、金蒜、面包糠炒香，下入其他调料，翻炒均匀，下入薯片末、香菜梗末，炒匀，出锅装盘。

【成菜特点】

色泽金红，干香酥脆，鲜香微辣。

实训报告与知识链接

【大师点拨】

1. 选用鲜活青蟹入菜，死蟹不宜食用。
2. 大漠风沙料的构成是：炸芋头末、炸面包糠、金蒜、刀口辣椒、香菜梗末。
3. 在青蟹的刀口处粘上生粉可以防止炸制时蟹肉掉落。
4. 炒制干辣椒时要小火慢炒至辣椒酥脆，颜色以枣红色为宜。
5. 炸蒜蓉前应先洗去蒜汁，否则金蒜成品味苦。
6. 炸制芋头末、面包糠、蒜蓉的油温应选用四到五成油温，中小火炸制，中途不能离火，断火后芋头末、面包糠会吸油，口感油腻。
7. 因配料刀工成形的规格较小，炒制时，应选用中小火炒制，避免火大炒糊。
8. 薯片末和香菜梗末入锅的时机为出锅前，更加酥脆鲜香。

【创意引导】

（1）主料食材的变化：可将青蟹换成濑尿虾、斑节虾、带子、九肚鱼、多春鱼等其他海产原料，带子须挂糊炸制；也可以将主料换成鸡中翅、掌中宝等肉类原料。用以上食材可制出“大漠风沙斑节虾”“大漠风沙鸡中翅”等菜品。

（2）配料食材的变化：可将芋头、面包糠等配料换成果仁类食材，如瓜子、腰果、夏威夷果、松子等，制成“果仁风沙一品蟹”。

任务七　茉莉茶香多宝鱼的制作

【任务情境】

厨师小帅到“茉莉花之乡”——横县与当地厨师小林交流厨艺。小林拿出横县特产茉莉花赠送给小帅。横县茉莉花花瓣洁白，香味浓郁，全国闻名；其茉莉花茶香气鲜灵持久、滋味醇厚鲜爽、汤色黄绿明亮、叶底嫩匀柔软。小帅计划将干茉莉花与茉莉花茶结合，将花香与茶香融入菜品之中，开发一道茶香菜。经过两人的努力，开发出了“茉莉茶香多宝鱼”这道菜品。

下面我们就来学习这道茉莉茶香多宝鱼。

【任务目标】

知识目标：了解茉莉茶香多宝鱼的原料构成与品质鉴选方法。

技能目标：1. 能够独立完成多宝鱼的宰杀及拆骨取肉任务。

2. 能够按照菜品制作流程在规定时间内完成茉莉茶香多宝鱼的制作。

情感目标：培养学生们菜品鉴赏能力、菜品创新思维与创新行动力。

【任务实施】

1. 制作原料：

主料：多宝鱼 1 条

配料：干茉莉花 30 克、茉莉花茶 20 克、黄飞红香脆椒 30 克、桃酥末 30 克、姜葱段 15 克、香菜梗 30 克

调料：盐 5 克、味精 5 克、椒盐 8 克、吉士粉 5 克、料酒 6 克

2. 制作过程：

（1）初加工：①多宝鱼宰杀，去鳃，去内脏，起鱼肉，切成 1×1×5 厘米的鱼条，清水漂洗去血污、黏液，沥干水，加盐、味精、姜葱段、料酒腌制入味。鱼排也一并洗净晾干。黄飞红香脆椒取一半剁碎。

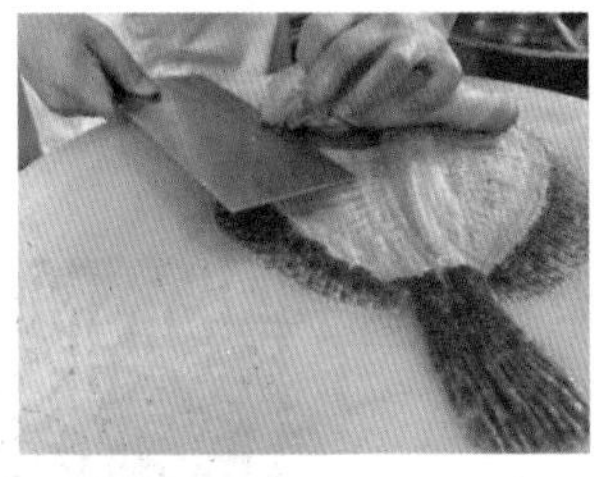 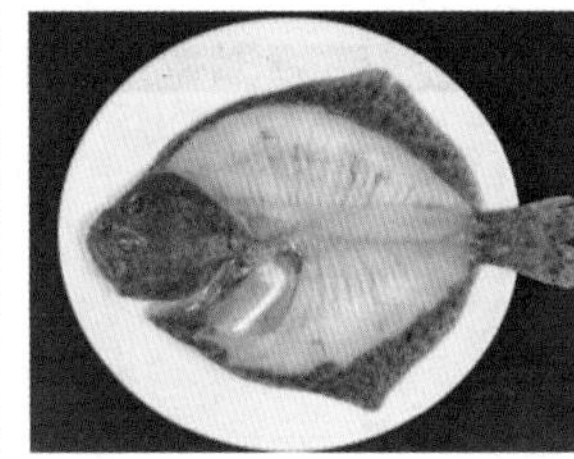 

②干茉莉花用温水浸泡，茉莉花茶用热水浸泡，捞出备用。

（2）初加热：①炒锅上火，下入油，将油温烧至四到五成热，分别下入茉莉花、茉莉花茶炸酥炸脆，捞出沥油。

②油温烧至五到六成热，将多宝鱼排和鱼条粘少许生粉和吉士粉混合的脆浆放入油锅炸至表皮结壳、定型，浸炸至熟后，捞出，油温升至七成热，下入鱼条复炸至外脆里嫩。

（3）烹制出品：炒锅上火，下底油，下入小料炒香，下入黄飞红香脆椒、茉莉花茶、大部分炸茉莉花，烹入茉莉花茶水，下入多宝鱼块，调味，下入桃酥末、香菜梗炒匀，出锅装盘，用鱼排做造型，撒少许炸茉莉花作点缀。

【成菜特点】

茶香诱人，外脆里嫩，鲜香微辣。

实训报告与知识链接

【大师点拨】

1. 多宝鱼取净肉时，刀锋贴紧鱼骨，起肉才完整。
2. 腌制多宝鱼肉要足味。
3. 干茉莉花用温水浸泡，保持花瓣完整。茉莉花茶用热水浸泡，泡至茶叶舒展。
4. 炸制茉莉花、茉莉花茶的油温是四到五成热，油温过低炸不脆，油温过高色泽变暗。
5. 炸制鱼条时，粘裹的生粉和吉士粉调制的脆浆不宜过稠。
6. 炸制鱼条时，初炸油温是五到六成热，炸至定型，复炸油温是七成热。
7. 炒制时，先下入一半的炸茉莉花。装盘后，将剩下的炸茉莉花撒在菜品表面，更美观。

【创意引导】

食材的变化：可将主料换成濑尿虾、鲜活虾、掌中宝等食材，制成“茉莉茶香虾”“茉莉茶香掌中宝”等菜品。

任务八　五彩养生石榴球的制作

【任务情境】

厨师长小帅的餐厅接到一单重阳节宴请老人的订单。针对宾客中大多数都是高寿老人的情况，小帅决定对菜单中“壮乡石榴球”进行一些改良，使之更养生，更适合老人食用。

壮乡石榴球要将冬菇、虾仁、马蹄炒制成馅包裹在蛋皮中，包制成石榴球的形状，再蒸制成熟，最后淋上高汤调制的芡汁。小帅将壮乡石榴球中的蛋皮改成了用山药泥、金瓜泥、火龙果汁、菠菜汁、红萝卜汁调制的五彩面糊煎成的面皮，再包裹馅料。面糊中含有果蔬的维生素，膳食搭配更合理，更养生，更适合老人食用。重阳节当日，五彩养生石榴球一上桌，菜品色彩五彩缤纷，口感软糯鲜香，宾客们都对这道菜赞赏有加。

下面我们就来学习烹饪这道五彩养生石榴球。

【任务目标】

知识目标： 了解五彩养生石榴球的原料构成与性质特点。

技能目标： 1. 能够按照成菜要求加工制作五彩面皮。

2. 能够按照成菜要求加工制作三鲜馅料。

3. 能够按照成菜要求包制石榴球。

情感目标： 培养学生菜品鉴赏能力、菜品创新思维与创新行动力。

【任务实施】

1. 制作原料：

主料：虾仁 300 克、干冬菇 100 克、珍珠马蹄 100 克、板栗 100 克

配料：火龙果 50 克、金瓜 100 克、山药 100 克、菠菜 100 克、红萝卜 150 克、鸡蛋 250 克、生粉 350 克、面粉 350 克、鱼子 50 克、姜葱末 15 克、香菜梗 30 克

调料：盐 20 克、味精 15 克、纯牛奶 100 克、蚝油 20 克、鸡油 10 克

2. 制作过程：

（1）初加工：①虾仁挑去虾线，切成小丁，码味上浆腌制。干冬菇热水泡发，洗净，焯水；用鸡油、蚝油将冬菇煨制入味，捞出，去蒂，切小丁。珍珠马蹄去皮，切小丁，板栗去壳，去膜，蒸熟，切小丁。

②制作紫红色面皮：50 克火龙果榨汁，加入生粉 70 克、面粉 70 克、纯净水 250 克、盐 1 克、鸡蛋 1 个，搅打成火龙果面糊，用不粘锅煎制成面皮。

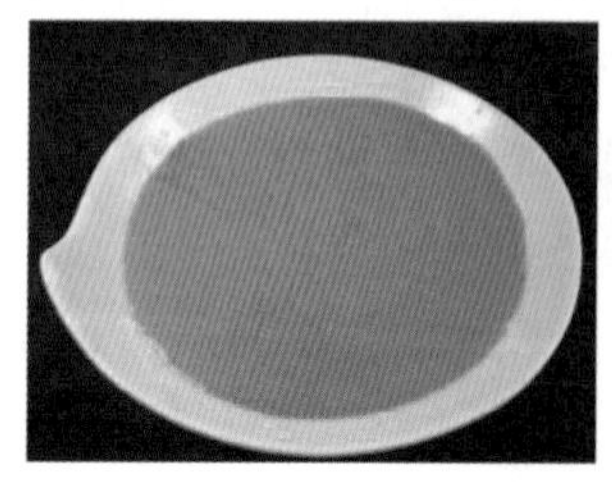

③制作白色面皮：山药 100 克去皮，蒸熟，搅成泥，加入生粉 70 克、面粉 70 克、纯净水 100 克、纯牛奶 100 克、盐 1 克、鸡蛋 1 个，搅打成山药面糊，用不粘锅煎制成面皮。

④制作红色面皮：红萝卜 150 克榨汁，加入生粉 70 克、面粉 70 克、纯净水 150 克、盐 1 克、鸡蛋 1 个，搅打成红萝卜面糊，用不粘锅煎制成面皮。

⑤制作绿色面皮：菠菜 100 克洗净，焯水，榨汁，加入生粉 70 克、面粉 70 克、纯净水 150 克、盐 1 克、鸡蛋 1 个，搅打成菠菜面糊，用不粘锅煎制成面皮。

⑥制作黄色面皮：金瓜 100 克去皮，去瓤，蒸熟，搅成泥，加入生粉 70 克、面粉 70 克、纯净水 200 克、盐 1 克、鸡蛋 1 个，搅打成金瓜面糊，用不粘锅煎制成面皮。

（2）初加热：①炒锅上火，马蹄、板栗、香菜梗分别焯水，虾仁滑油，出锅待用。净锅上火，留底油，炒香姜葱末，下入主配料，旺火翻炒，调味、勾芡，淋明油，炒制成三鲜馅。

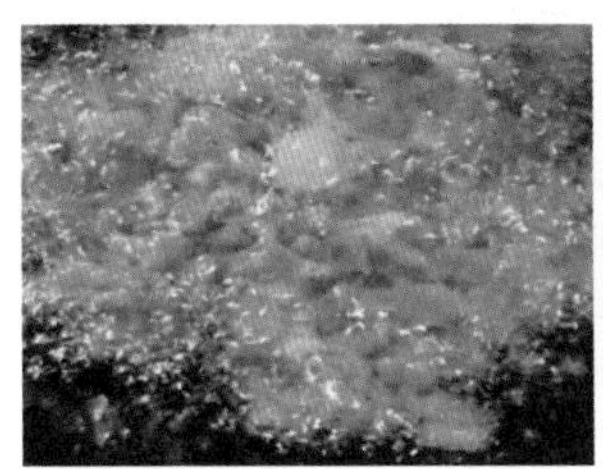

②分别用五彩面皮包三鲜馅料，用香菜梗扎紧，剪去多余部分，制成石榴球状。

（3）烹制出品：将石榴球放入蒸笼蒸制 3 分钟，取出装盘。净锅上火，下入高汤，调味，勾芡，淋明油，将芡汁淋于石榴球上，点缀上鱼子，即成。

【成菜特点】

实训报告与知识链接

色彩绚丽，咸鲜清淡，软糯适口。

【大师点拨】

1. 干冬菇用 60~80℃热水泡发，口味更鲜美。
2. 虾仁滑油的油温为三成热。
3. 各色果蔬汁需要经过密篱过滤掉杂质，成品更美观。
4. 煎制五彩面皮时，需将面糊搅拌均匀，再煎制，成品面皮光滑无结块。
5. 煎制五彩面皮时，要厚薄均匀，不宜煎太厚。
6. 包制石榴球时，在小碗中包裹，用小碗垫底更易成球形。
7. 蒸制石榴球时，火力不宜过大，蒸制时间不宜过长，蒸热即可。
8. 勾芡的稠度以流芡为宜。

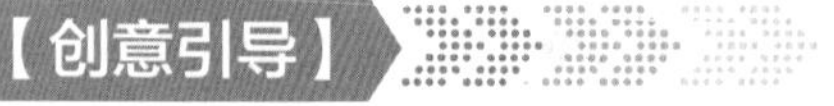

【创意引导】

1. 口味的变化：可将三鲜馅料变换成虾仁果蔬沙拉馅，制成“鲜果沙拉石榴球”。此道菜品馅料包括虾仁丁、西芹丁、菠萝丁、火龙果丁，将虾仁丁、西芹丁焯水，沥干水，与其他原料混合，拌入沙拉酱，再包裹进五彩面皮中。包裹沙拉馅的石榴球宜冷吃，不宜勾芡淋汁。

2. 摆盘的变化：可将长方盘的平行并排摆盘变化成立体式摆盘。

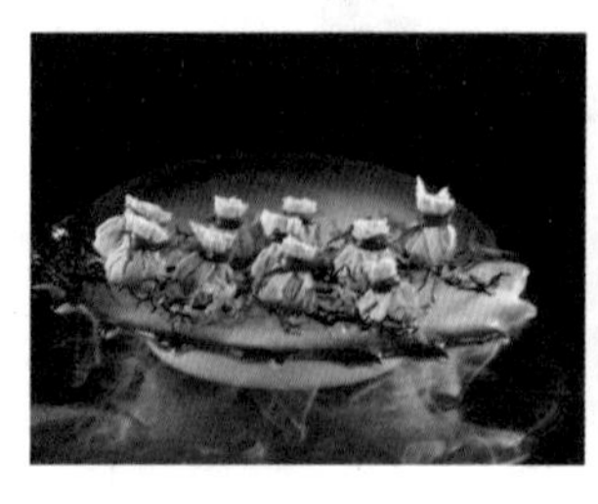

任务九　异果泰汁焗生蚝的制作

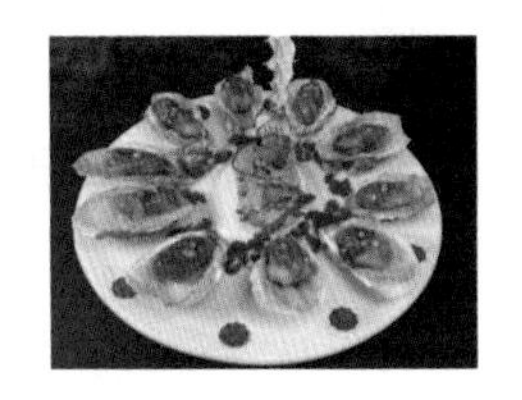

【任务情境】

厨师小帅到有“美食天堂”之誉的香港考察菜品，香港吸收中西餐菜品制作之优，博采众长，互为借鉴，形成了中西结合的港式中餐。小帅对这个中西方人士会聚交集之地创造出的中西结合菜品钟爱有加。小帅以传统的中餐为基调，结合西餐制法，另辟蹊径，为饭店的菜品资源库开发出一系列中西结合的创意菜品。“异果泰汁焗生蚝”就是其中的一道热销菜。本菜将传统的中式脆浆变化成天妇罗面糊，配以泰汁，以“西味中调、西菜中制”的方式呈现在餐桌上，备受顾客好评。

下面我们就来学习这道异果泰汁焗生蚝。

【任务目标】

知识目标：了解异果泰汁焗生蚝的原料构成与性质特点。

技能目标：1. 能够按照成菜要求对生蚝进行宰杀和清洗。

2. 能够按照成菜要求调制天妇罗面糊。

3. 能够按照成菜要求在规定时间内完成异果泰汁焗生蚝的制作。

情感目标：培养学生良好的职业素养和厨艺行为规范。

【任务实施】

1. 制作原料：

主料：生蚝 12 个

配料：西生菜 200 克、奇异果 2 个、甜豆 100 克、青柠 1 个、鸡蛋 1 个、姜葱各 5 克

调料：盐 5 克、料酒 5 克、番茄酱 50 克、泰式甜辣酱 300 克、米醋 50 克、美极鲜调味汁 5 克、白糖 70 克、低筋面粉 150 克、土豆淀粉 50 克

2. 制作过程：

（1）初加工：①将生蚝宰杀，洗净泥沙，用姜、葱、料酒腌制。奇异果去皮，切

圆片；甜豆去掉豆壳，取豆籽；西生菜洗净，按生蚝壳的大小剪成椭圆片。

②调制天妇罗面糊：将土豆淀粉、低筋面粉搅拌均匀，过筛，加500克冰水、鸡蛋搅拌均匀。

③调制泰汁：番茄酱、泰式甜辣酱、米醋、美极鲜调味汁、白糖、盐、青柠汁、清水调匀，烧开。

（2）初加热：将甜豆籽放入开水锅，加入盐、油焯水至熟，取出，放入冰水过凉。生蚝壳放入开水锅焯水，捞出，沥干水，用蒸熟的土豆泥固定在盘中，里面铺上西生菜叶。

（3）烹制：生蚝肉入开水锅，小火加热，保持虾眼水（微沸腾）状态，浸泡至熟，捞出粘裹天妇罗面糊，放入五成热油锅炸至结壳，捞出；油温升至七成热，下入生蚝肉复炸至外脆里嫩。将生蚝肉摆放在生蚝壳上的西生菜叶中。炒锅上火，下底油，下入泰汁，烧开后勾芡，淋明油，淋于生蚝肉上。

（4）装盘：在生蚝肉上撒上甜豆籽点缀，旁边摆上奇异果片装饰，即成。

【成菜特点】

色泽红艳，外脆里嫩，甜酸适口。

实训报告与知识链接

【大师点拨】

1. 宰杀生蚝取生蚝肉时，注意保持生蚝肉的完整。

2. 调制天妇罗面糊最好用冰水。

3. 调制天妇罗面糊的面粉要先过筛。加水搅拌不要太用力，不要顺着一个方向搅拌，避免起筋。

4. 甜豆籽焯水时放油，焯水后放入冰水，可保持其色泽翠绿。

5. 生蚝焯水要用小火，保持虾眼水（微沸腾）状态，火大生蚝易缩水变小。

6. 炸生蚝前粘裹天妇罗面糊，要滴掉多余的面糊，挂糊要薄。

7. 炸制生蚝的油温为五到六成热，复炸油温为七成热。

8. 泰汁勾芡要汁明芡亮，浓度以流芡为宜。

1. 食材的变化：主料可将生蚝换成带子、扇贝、虾球、墨鱼丸等鲜嫩食材。配料可将奇异果换成红心火龙果、芒果等其他水果。创新制出“火龙果泰汁焗带子”“芒果泰汁焗扇贝”“泰汁熘大虾”等菜品。

2. 口味的变化：可将泰汁变换成西汁、橙汁、钵酒汁等。

任务十　奇妙凤梨鬼马虾的制作

【任务情境】

广美国际大酒店接到一单接待宴请，宾客是来自欧洲的国际友人。根据欧洲宾客的饮食习惯，厨师长张帅决定开发一款中西结合的创意菜品，既有中式餐饮的特色又能迎合欧洲国际友人的口味和饮食习惯。经过张帅厨艺团队的多次尝试实践，开发出“奇妙凤梨鬼马虾”，并将其呈现在欧洲宾客面前，圆满完成了本次宴请，这道菜品也赢得了欧洲宾客的赞誉。

本节教学菜品就是这道中西结合的创新菜品，在油条中灌入虾饺，炸制成熟后，与菠萝块一起拌入卡夫奇妙酱，装盘成菜。传统的中式面点油条与虾饺的相遇，再融入西式调料——卡夫奇妙酱，这么一道中西结合的创意菜品将会呈现出什么样的美味，同学们让我们拭目以待！

【任务目标】

知识目标：了解奇妙凤梨鬼马虾的原料构成与性质特点。

技能目标：1. 能够按照成菜要求完成虾饺的制作。

2. 按照口味要求调制奇妙酱。

3. 能够按照成菜要求在规定时间内完成奇妙凤梨鬼马虾的制作。

情感目标：培养学生良好的职业素养和行为规范，为今后进入行业奠定良好的专业基础。

【任务实施】

1. 制作原料：

主料：虾仁 200 克、思念国宴油条 200 克

配料：菠萝 150 克、罐装红腰豆 50 克、猪肥膘肉 30 克、鸡蛋 1 个

调料：盐 3 克、味精 2 克、卡夫奇妙酱 100 克、炼奶 15 克、青柠汁 5 克、葱油 10 克、生粉 20 克

2. 制作过程：

（1）初加工：①制作虾饺馅。将猪肥膘肉切成粒，焯水备用；将虾仁去虾线，洗净，用刀背剁成蓉。虾蓉加入盐、味精、蛋清、生粉，顺着一个方向搅打至有黏性，加入猪肥膘肉，放葱油拌匀。

②菠萝切菱形块与红腰豆焯水备用。油条切成4厘米长的段，于空隙处抹上生粉，酿入虾饺，手指蘸清水将虾饺表面抹平滑。

（2）调制奇妙酱：将卡夫奇妙酱、炼奶、青柠汁搅拌均匀。

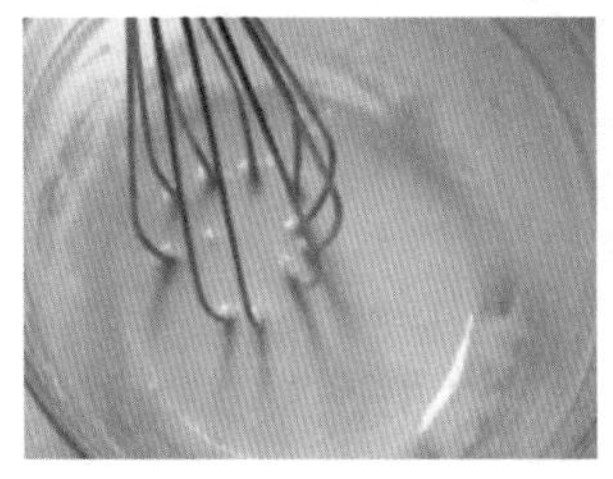 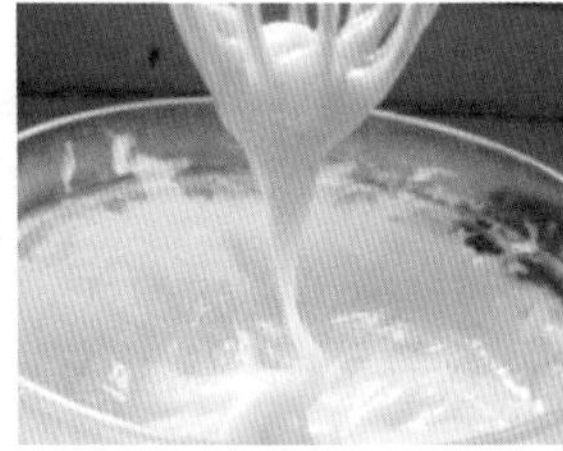 

（3）烹制：净锅上火，入宽油，烧至五成热，下入油条虾炸至成熟，捞出沥油。

（4）装盘：将奇妙酱与菠萝块、油条虾拌匀，摆盘，表面撒上红腰豆，即成。

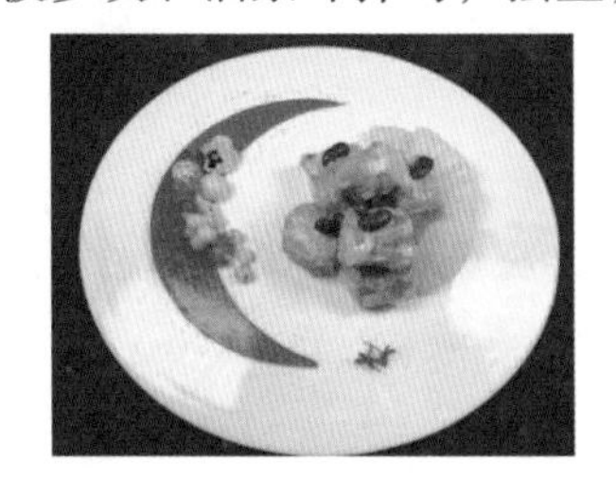

实训报告与知识链接

【成菜特点】

油条色泽金黄、干香酥脆；虾饺鲜美脆嫩；成菜外脆里嫩，沙拉味香浓。

【大师点拨】

1. 制作虾饺馅时，要顺着一个方向搅打，搅打至有黏性、有弹性即可。

2. 制作虾饺馅时，不可搅打过久，搅打时间过长易使虾饺馅温度升高，影响品质。

3. 制作虾饺馅时，加入焯水后的猪肥膘肉可使虾饺口感爽嫩，可在加入猪肥膘肉后加入少许生粉，增加猪肥膘肉和虾的粘连性。

4. 酿制油条虾时，在油条空隙处抹上生粉，可以增加虾饺馅与油条的粘连性。

5. 炸制油条虾时，油温保持在五成热，油温过高油条色泽会变暗。

6. 油条虾炸制成熟后，应快速与配料一起拌入调好的奇妙酱，快速上桌趁热食用。

【创意引导】

1. 食材的变化：菠萝可换成火龙果、哈密瓜等其他水果，也可以选用青瓜、西芹等口感爽脆的蔬菜。

2. 口味的变化：可将奇妙酱的口味转变成千岛汁、青芥酱等口味。

3. 摆盘的变化：改变油条虾的摆盘方式，可堆叠摆放，也可平排拼摆；可采用多种点缀方式，如采用果酱画、糖艺、面塑插件等装饰菜品。

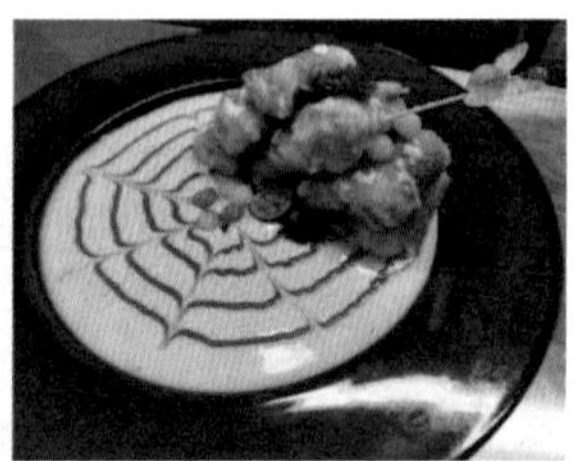

任务十一　菱叶锅巴两吃虾的制作

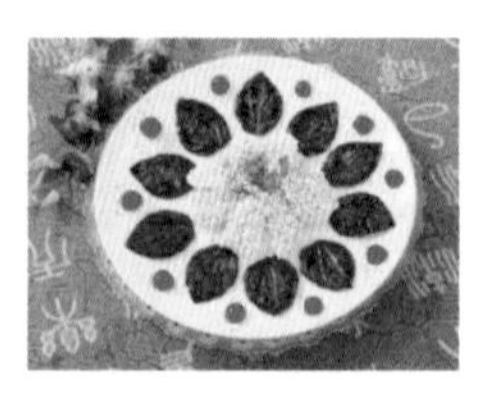

【任务情境】

小王是南宁市广美大酒店的厨师长。一天一对情侣来到小王的酒店定婚宴，在选菜单时，他们觉得菜单里传统的“两吃生猛虾”吃过很多次了，希望厨师长能安排一道有新意的两吃虾，而且要求这道两吃虾要盛装大气美观，还要突出广西菜特色。

如果你是厨师长小王，你将如何创意设计一道两吃虾来迎合顾客的需求呢？

小王经过思考和试菜，决定制作一道“菱叶锅巴两吃虾”来实现两吃生猛虾的改良和创新。这道菜中的“锅巴虾”是在“吉列炸虾扇”基础上，选用广西特色小吃“瑶山打油茶”中的一种配料——阴米，来代替面包糠进行制作的。如此制作出的锅巴虾色泽洁白，干香酥脆；“蒌叶虾”改良自广西小吃“假蒌合”，将虾仁粘裹上蛋黄糊再裹上假蒌叶，制作出的蒌叶虾色泽翠绿、外脆里嫩，还带有假蒌叶的清香。

下面我们就学习这道创新菜品——蒌叶锅巴两吃虾。

【任务目标】

知识目标：了解蒌叶锅巴两吃虾的原料构成与性质特点。

技能目标：1. 能够用五成油温炸制米花。

2. 能够按照菜品制作流程在规定时间内完成蒌叶锅巴两吃虾的制作。

情感目标：1. 培养学生良好的职业素养和行为规范，为今后进入行业奠定良好的专业基础。

2. 培养学生的信息语言组织表达能力、菜品鉴赏能力以及创新思维与创新行动力。

【任务实施】

1. 制作原料：

主料：冰鲜虾 20 只

配料：假蒌叶 20 张、阴米 100 克、鸡蛋 3 个、玉米淀粉 100 克、面粉 20 克

调料：盐 5 克、味精 3 克、椒盐 10 克

 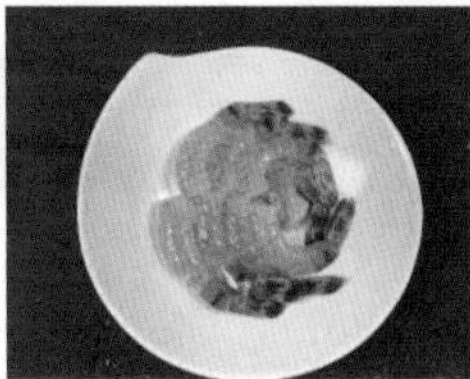  

2. 制作过程：

（1）初加工：①将冰鲜虾去头，去壳，留尾，从背部开刀至腹部，去虾线，制成虾扇，洗净，加盐、味精腌制备用。

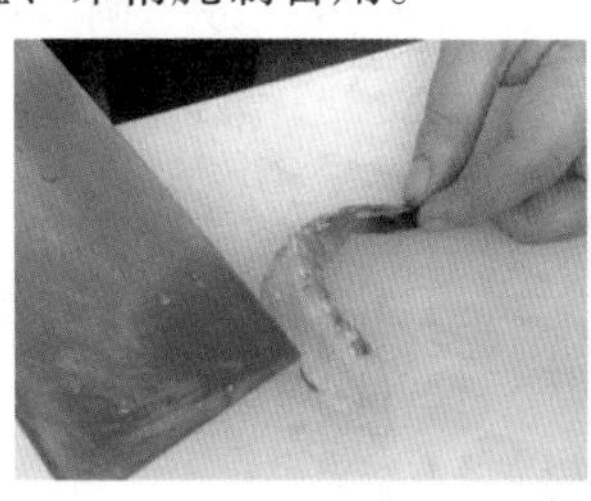 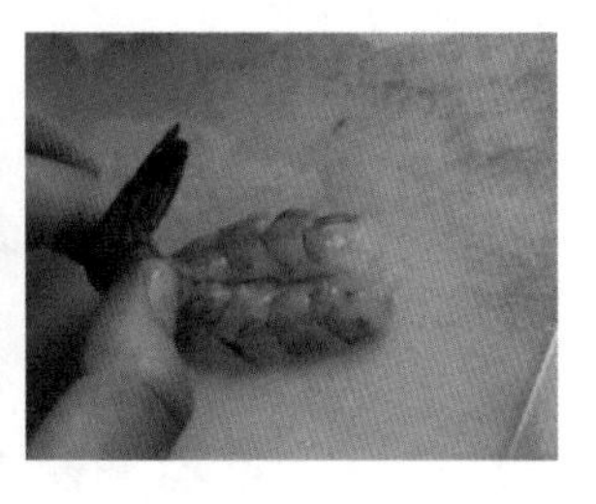

②炸制米花。净锅上火，下油，烧至五成热，下入阴米，用手勺推动油面，使阴米受热均匀，炸至阴米膨胀、酥脆，捞出沥油。

③将假萎叶洗净，剪成长轴 10 厘米、宽轴 7 厘米的水滴形。调制蛋黄糊。将 80 克蛋黄加入 3 克盐、80 克玉米淀粉搅拌均匀，调制成蛋黄糊。

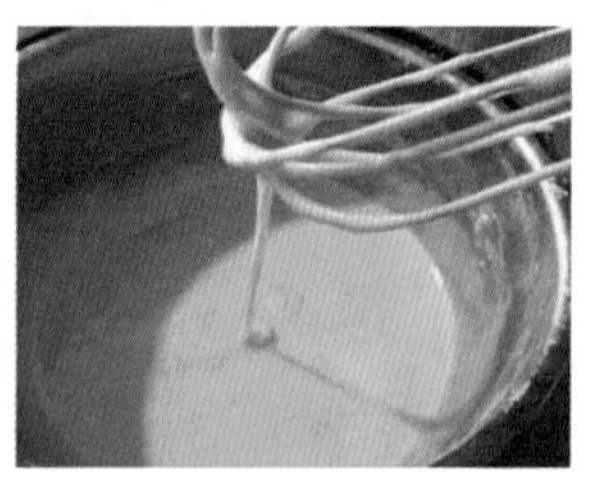

（2）锅巴虾的成形工艺：将 10 个虾扇分别粘上面粉，裹上鸡蛋清，再粘裹上米花，手掌轻轻按压，将锅巴虾制成大小一致的虾扇状。

萎叶虾的成形工艺：将假萎叶背面朝上放于工作台上，均匀地撒上玉米淀粉；将 10 个虾扇粘裹上蛋黄糊，放于假萎叶上，再用一张假萎叶粘上蛋黄糊盖在虾扇上。

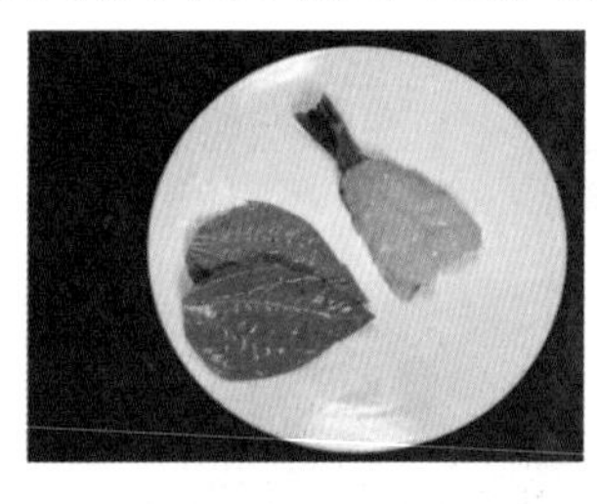
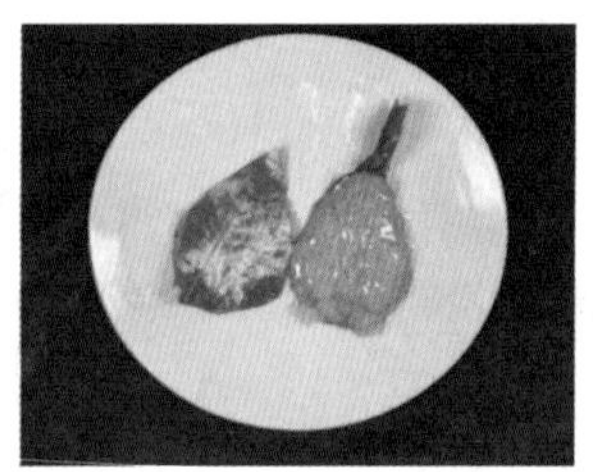

（3）烹制：净锅上火，入宽油，烧至四到五成热，将萎叶虾依次下入锅中，上下翻拌，使之受热均匀，炸至定型、成熟后，捞出沥油。油温升至五到六成热，下入锅巴虾，上下翻拌，使之均匀受热，炸制成熟，捞出沥油。

（4）装盘：选用 14 寸平圆盘，垫上花纸，锅巴虾摆放于圆盘中间，将萎叶虾摆放在锅巴虾周围一圈，中间用红樱桃点缀。配椒盐碟，上桌，即成。

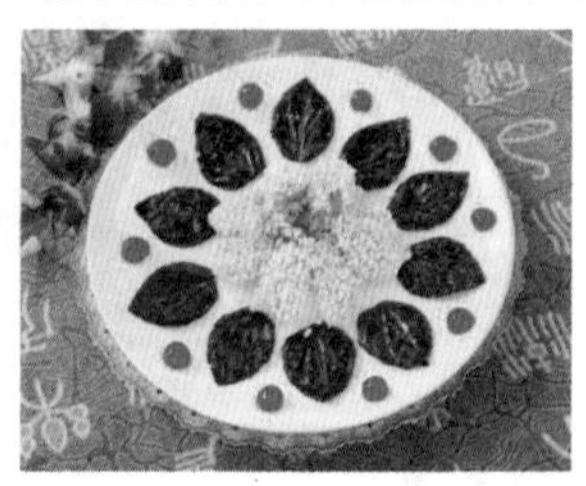

实训报告与知识链接

【成菜特点】

锅巴虾色泽洁白，外脆里嫩，干香咸鲜；蒌叶虾色泽翠绿，带有假蒌叶特殊的清香。

【大师点拨】

1. 腌制虾扇时，腌料要一次入味，炸制成菜后不再调味。

2. 调制蛋黄糊时，蛋黄与淀粉的比例为 1:1，浓稠度以能粘裹上筷子为宜。

3. 制作锅巴虾时，粘裹配料的顺序是面粉 → 蛋清 → 米花，顺序不能颠倒。

4. 制作蒌叶虾时，两层蒌叶之间要粘上蛋黄糊，可防止炸制时假蒌叶脱落。

5. 炸制蒌叶虾的油温为四到五成热，低于四成热的油温，炸制的假蒌叶不酥脆，高于五成热油温，假蒌叶色泽会变暗，不翠绿，影响美观。

6. 炸制锅巴虾的油温为五到六成热，油温过低会使之吸油口味油腻，油温过高米花会变黄变焦。

7. 炸制时，锅巴虾和蒌叶虾都要上下翻拌，使之受热均匀。

【创意引导】

1. 造型的变化：可将虾肉制成水滴形或者圆形虾饺，再粘裹米花炸制成菜。

2. 食材的变化：可将米花换成黄小米炸制锅巴虾，成菜色泽金黄，外酥香里细嫩。

3. 摆盘的变化：可将圆形平盘改变成长方形平盘，锅巴虾与蒌叶虾对角对称拼摆；也可采用位菜的方式，一只锅巴虾和一只蒌叶虾装 8 寸圆盘，加以盘饰点缀。

任务十二　鱼柳果香萨其马的制作

【任务情境】

张亮是某职业技术学校烹饪专业学生，今年他将毕业，按惯例每年的毕业季学校都会举行盛大的毕业典礼及专业技能成果展示。这时同学们都会拿出看家的本领，集思广益，奋勇争先。张亮作为班干部、学生会会长、比赛技能王，自然不甘人后。张亮将如何通过一道菜来展示刀工与烹饪技法，从而向学校、家长汇报自己这 3 年的学习成果呢？

张亮经过向老师请教以及自己对松鼠鱼、菊花鱼这两道菜品的研究，打算在同一道菜品中凸显刀工和烹饪技法两项技能。首先要解决菜品的定型问题，这道传统菜品在制作当中或多或少都会有鱼条脱落和塑形困难等问题出现，原因是鱼皮过薄难以支撑鱼肉成形，影响菜品造型美观。他打算运用“萨其马”的做法将鱼皮弃掉，再把鱼条炸制松酥烩制入味，重塑造型。这道菜还能选择多种调味复合味型以达到口味、造型、摆盘等多方面的创意创新。

下面我们就学习这道创新菜品——“鱼柳果香萨其马”。

【任务目标】

知识目标：了解鱼柳果香萨其马的原料构成与性质特点。

技能目标：1. 能够独立完成鱼肉的去骨净料和改刀成形任务。

2. 能够按照比例调制裹粉。

3. 能够按照制作流程在规定时间内完成鱼柳果香萨其马的制作。

情感目标：1. 培养学生对菜品改良、开发与创新的兴趣。

2. 提高学生菜品鉴赏与菜品审美的能力。

【任务实施】

1. 制作原料：

主料：草鱼背肉 1200 克

配料：生粉 800 克、吉士粉 120 克、浓缩橙汁 150 克

调料：盐 10 克、白糖 50 克

2. 制作过程：

（1）初加工：①将草鱼背肉刮除鱼鳞，去掉鱼背大骨、鱼皮，取净肉，改刀截取13~15 厘米的鱼段，再采用平刀片法片取 1 厘米厚的鱼片，直刀切成 1×1×5 厘米的鱼条。

②生粉和吉士粉按比例（3:1）兑匀过筛。

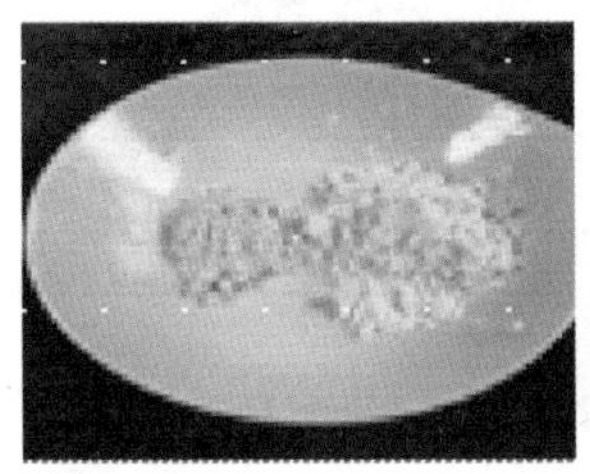 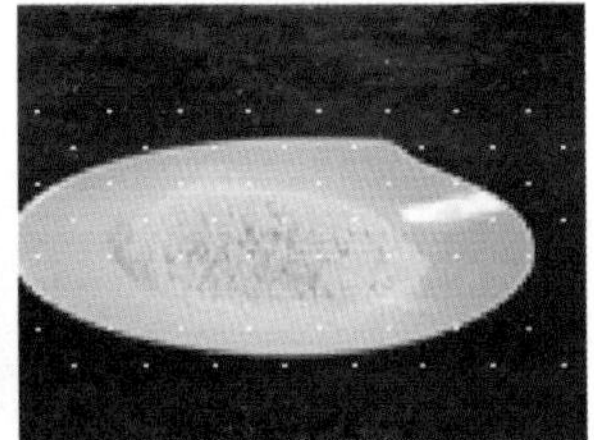

（2）成形工艺：鱼条泡淡盐水（入味，漂去血污），捞出沥干水分（可用干毛巾吸干水分）并均匀抖散。将鱼条均匀粘拍裹粉，沥去多余粉渣，分散铺入捞篱中。

（3）烹制：净锅上火，入宽油，烧至五成热，将鱼条依次投入锅中，上下翻拌，

使之受热均匀，炸至定型松酥，成熟后捞出沥油。净锅微火将浓缩橙汁和调料煮匀适口，勾芡浓度（收汁），烩制鱼条使其裹汁均匀，然后放入模具定型。

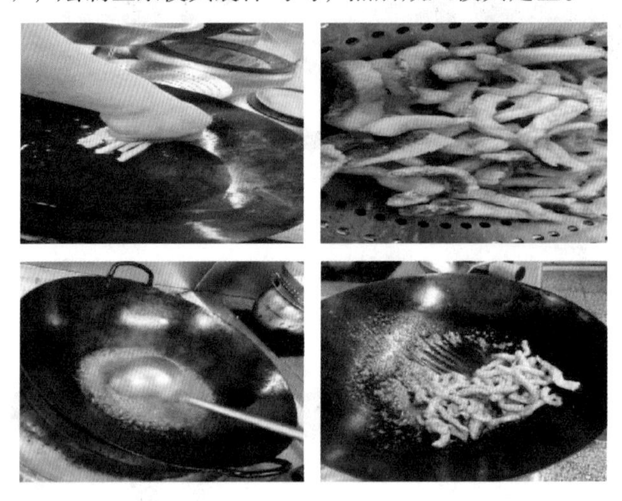

（4）装盘：选用 12 寸长方盘进行盛装，盘中用竹叶垫底，将鱼条萨其马脱模改刀长方块并码放整齐，盘头用造型盘饰，用三色堇点缀，即成。

实训报告与知识链接

【成菜特点】

造型美观，松软香酥，酸甜可口。色泽艳丽，果香浓郁，清新开胃。

【大师点拨】

1. 主料需选择新鲜宰杀的鱼，鱼肉纤维未收缩，质地有弹性，入锅容易成形。

2. 调制裹粉时生粉和吉士粉的比例应以 3:1 为宜，生粉过多口感过韧，吉士粉过多易色暗。

3. 鱼条粘拍裹粉后应立即入油锅炸制定型，搁置时间过长会发生水溢浸湿裹粉的情况，使其粘连成团，炸制时不易散开。

4. 炸制鱼条要保持七成热油温，油温过低鱼条易吸油影响裹粉，油温过高鱼条易糊且过脆，裹汁时易断碎。

5. 熬煮果汁时要微火防止糊锅有黑点形成，烩制鱼条时要快速翻匀，时间过长鱼条则会浸软不脆硬。

6. 鱼条萨其马压模时要紧实不松散才容易定型，改刀刀具要锋利。

【创意引导】

1. 造型的变化：鱼条也可以用捆扎造型炸制，呈绣球状，辅以飘带和圈绳装饰美化，使其更加逼真象形。

2. 食材的变化：鱼条也可粘裹芝麻仁或黄小米等易成熟的配料进行炸制，突出其外酥里嫩、口感香脆的特点。

3. 摆盘的变化：可以采用位菜的方式，用鱼条萨其马搭配水果或鱼条萨其马两吃装盘，并加以盘饰点缀。

黑椒培根野香菌的制作

盐罐茄汁焗大虾的制作

芥末辣香龙须卷的制作

茶香小椒酥肉丸的制作

柠汁水晶冻蟹钳的制作

任务十三　芦笋芥末烧带子的制作

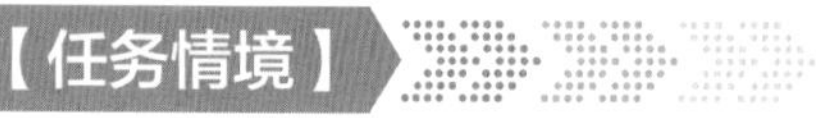

【任务情境】

在海鲜技能大赛的会场，来自金都酒店的主厨金鑫抽到了食材：冰冻澳大利亚带子。3年前他在跟法国大厨进行厨技交流时就见过法国大厨制作的“芦笋芥末烧带子”这道中西结合的菜品。今天他决定效仿法国大厨的做法“中菜西调”，打算出其不意，勇摘桂冠。

如果你同样抽到了食材带子，你会设计怎样的一道突出造型和味觉层次感的中西融合菜品？

冰冻的带子表面有厚厚的冰块包裹，如果直接浇热水必定烫熟带子使其质地老硬，用冷水冲刷又会冲洗掉带子的鲜味，只能自然解冻提取带子。解冻后的带子富含大量的水分，很难再吸取滋味。因此，在烹制前必须用干净毛巾轻挤排掉其多余的水分，方能制作出味美鲜香的海鲜大菜。

下面我们就学习这道创新菜品——芦笋芥末烧带子。

【任务目标】

知识目标：了解芦笋芥末烧带子的原料构成与品质鉴选方法。

技能目标：1. 能够按照煎的制作工艺与操作要领对带子进行煎制。

2. 能够按照菜品制作流程在规定时间内完成芦笋芥末烧带子的制作。

情感目标：培养学生信息收集与处理的能力，及创新思维与创新行动力。

【任务实施】

1. 制作原料：

主料：冰冻带子 300 克

配料：芦笋 180 克、白蘑菇 120 克、淡黄油 120 克、面粉 35 克、蛋黄 20 克

调料：盐 3 克、胡椒粉 3 克、黄芥末酱 20 克、芥末油 10 克

2. 制作过程：

（1）初加工：①将带子自然解冻，用干净毛巾排挤水分，腌制入味，平整定型。剥除芦笋老筋，切段，白蘑菇洗净改刀备用。

②将淡黄油用小火化开，面粉入盘，蛋黄搅匀。

（2）烹制：将带子粘拍面粉、粘裹蛋液，入锅放黄油中小火慢煎制熟，将配菜一起煎熟。撒盐、胡椒粉调味。

（3）装盘出品：选用 8 寸高边圆盘，白蘑菇作底，芦笋两头交叉靠搭，摆放带子，浇洒芥末油，用黄芥末点缀即可出品。

实训报告与知识链接

【成菜特点】

脆嫩爽口，轻辣回香，口感丰富。清甜味美，鲜味十足，层次鲜明。

【大师点拨】

1. 制作带子时，如带子较大肉质较厚可以将其分割成均匀的两份进行烹制。

2. 带子是带子螺的闭壳肌，纤维丰富，结缔组织紧密，不适合制作炸制菜品。

3. 带子富含水分，水分流失过多就会质地老硬，影响口感。

4. 制作带子菜品要突出其脆嫩爽口、鲜香味美的特点。

5. 煎制带子时，应在其表面粘拍干粉或挂糊形成保护膜防止水分流失。

【创意引导】

1. 烹饪技法的变化：可以选择滑油技法制熟带子，与脆嫩蔬菜一起快炒，口感鲜香，质感脆嫩，清淡味美。

2. 酱汁的变化：制作浓香味型的调味酱浇洒在鲜嫩的带子上，通过蒸、烤、焗等多种烹饪技法使其去腥成熟。一酱一味，变化多种多样。

3. 盛装的变化：采用位上或盘摆盛装形式进行造型，搭配沙拉、酱汁、果蔬等点缀，使成菜别具一格，增加菜品的美感与营销价值。

葱香白卤小羊排的制作

任务十四　浓香鲜鲍扒牛蹄的制作

【任务情境】

新年到了，某公司要举办开年宴，公司老总希望在新的一年里，公司事业红红火火、牛气冲天，要求把开年的宴席做成“全牛宴”，整个宴席以突出“牛”和“全”字为主，有“牛气冲天，五谷丰登”之意，其寓意吉祥、风味独特。为此开年宴牛大厨把“浓香鲜鲍扒牛蹄”作为本宴席的大菜。浓香鲜鲍扒牛蹄是“全牛宴”中别具特色的一道菜品，本菜是在传统烧牛蹄的基础上，加入新鲜鲍鱼，使之更加鲜美，营养搭配更合理，提高了菜品档次。

【任务目标】

知识目标：了解浓香鲜鲍扒牛蹄的原料构成及性质特点。

技能目标：1. 能够独立完成牛蹄食材的加工与蒸制牛蹄汤汁的调制。

2. 能够独立宰杀鲜活鲍鱼。

3. 能够按照菜品制作流程完成浓香鲜鲍扒牛蹄的制作。

情感目标：1. 培养学生良好的职业素养和行为规范，为今后进入行业奠定良好的专业基础。

2. 培养学生信息收集与处理的能力、菜品鉴赏能力，以及创新思维与创新行动力。

【任务实施】

1. 制作原料：

主料：去骨牛蹄 1 个（约 800 克）

配料：鲍鱼 12 个、西兰花 150 克

香料：八角 8 克、香叶 2 克、草果 8 克、沙姜 4 克、桂皮 8 克、白豆蔻 3 克、陈皮 8 克

调料：姜 25 克、盐 5 克、味精 3 克、蚝油 15 克、生抽 15 克、老抽 2 克、鸡汁 15 克、料酒 20 克、生粉 5 克、鲍汁 25 克

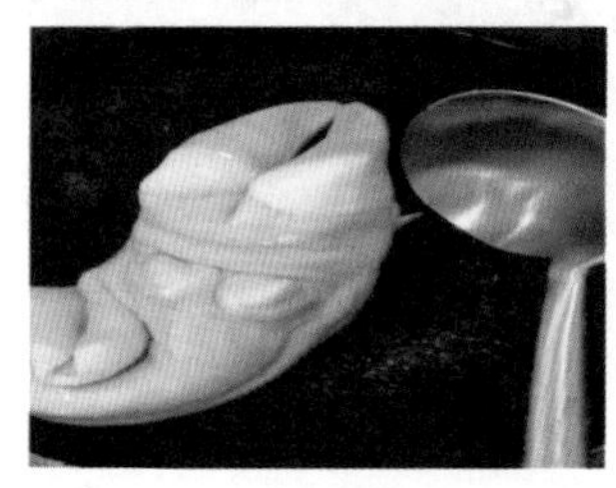

2. 制作过程：

（1）初加工：将去骨牛蹄去除牛毛、牛蹄硬趾，洗净备用。姜洗净去皮，切片备用，葱切成葱段，西兰花洗净，改刀成小朵备用。将各种香料洗净，装入香料包备用。

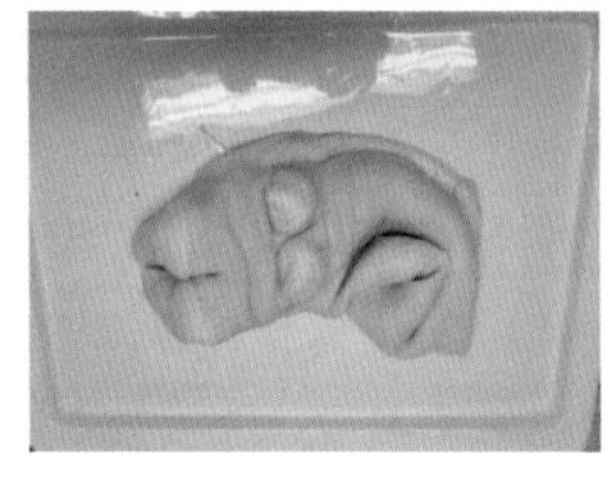

（2）刀工成形：将鲍鱼宰杀洗净，打上刀口间隔约 0.5 厘米、深约厚度 1/2 的十字花刀。

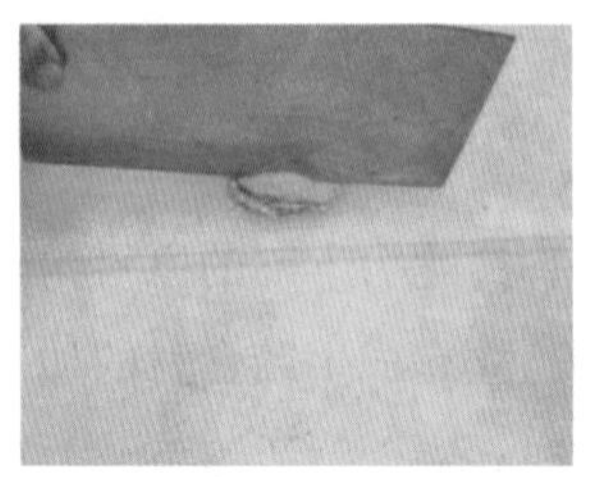

（3）烹制：①鲍鱼用热水轻轻过一下水，去掉表面杂质及腥味；把水烧开加入姜片、料酒，把牛蹄放入水中焯水，取出再用冷水冲漂 30 分钟，去掉牛蹄杂质及异味。

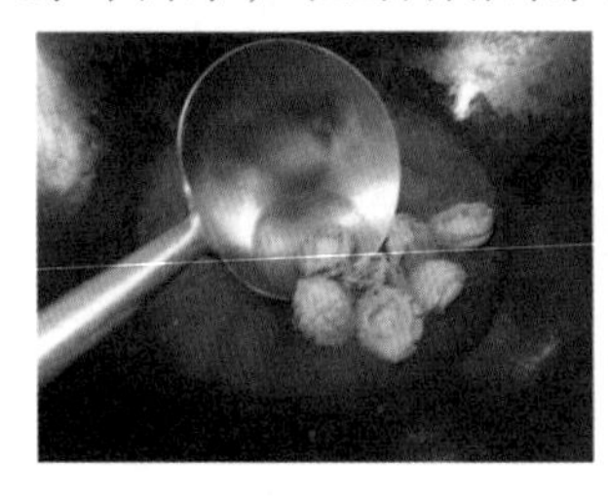
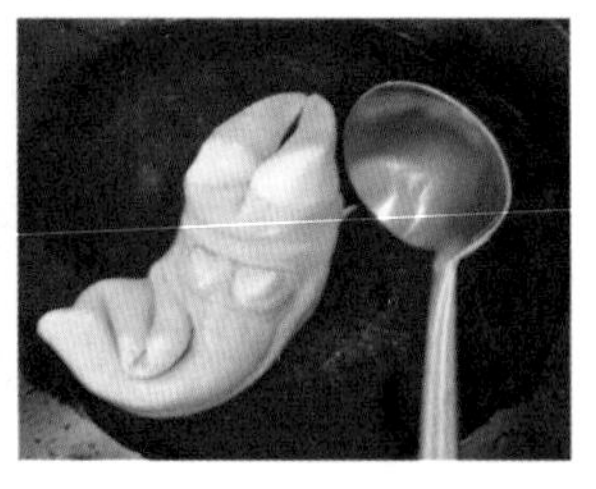

②把姜、葱、香料爆香，加入牛蹄、水（以没过牛蹄为佳）、料酒及其他调味品调好味道，大火烧开，撇去浮沫，用汤古装好牛蹄及汤汁。

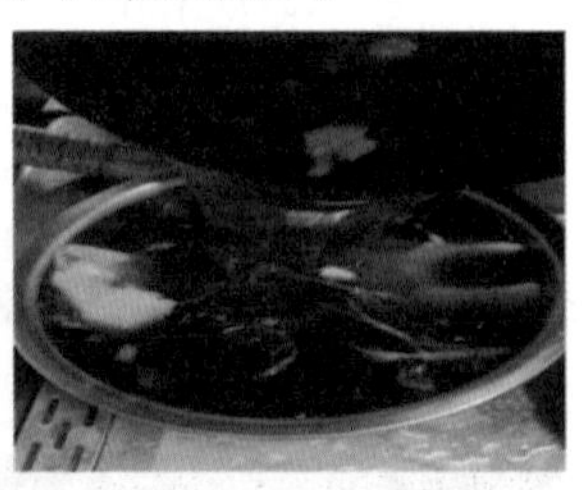

③将汤古放入蒸柜，蒸约 200 分钟（急用可用高压锅压制，不过品质稍差），蒸至牛蹄酥软香烂。

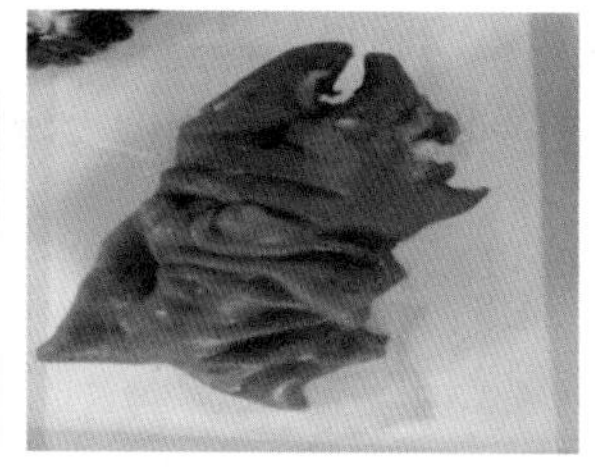

④取出牛蹄，另起热锅，用原汁将鲍鱼烧至成熟入味，大火收汁，用水淀粉勾芡，淋入包尾油。热锅把水烧开，加入盐、调和油把西兰花焯水成熟。

（4）装盘：选用 16 寸长方形盘，将蒸至酥软的牛蹄改刀成大片，置于盘中间，将西兰花摆在牛蹄周围，再把烧熟入味的鲍鱼花刀面朝上摆在西兰花旁，用勾芡好的汤汁均匀地淋在牛蹄、鲍鱼上。用盘饰摆件、欧芹放在盘上做点缀，即成。

实训报告与知识链接

【成菜特点】

色泽红亮，牛蹄香软酥烂，鲜鲍脆口入味，汁香浓郁，美味鲜醇。

【大师点拨】

1. 最好选用生长两年半的牛的牛蹄，以皮层、蹄筋较厚的牛蹄为佳。

2. 牛蹄焯水要冷水下锅，焯水的时间要久些，再用冷水冲漂，利于把牛蹄异味去掉。

3. 宰杀鲍鱼，要去尽内脏；花刀下刀，深浅一致，间隔均匀。

4. 各种香料在使用前要用水冲洗干净，先把各种香料表面的杂质、苦味洗掉，才不会影响菜品香味及滋味。

5. 蒸牛蹄的汤汁要调制得色泽红润、咸鲜适口。

6. 蒸牛蹄的汤汁要经过大火收汁才够浓香。

【创意引导】

1. 主料食材的变化：通过变化主料食材，可制成“扒羊腩扣”“扒羊脸”“扒牛头”等菜品。

2. 配料食材的变化：鲜鲍扒牛蹄的配料食材可换成瑶柱、鹌鹑蛋、野香菌等。

任务十五 宴席设计任务能力考核

前面通过对各模块具体烹饪技法的学习，相信大家有了一定的理论基础，学习了这么多技法，是时候检验一下自己的学习掌握情况了。

王小明，出身农村，由于家乡经济不发达，交通不便利，父亲每次在外打工回来都会和小明聊城市的生活，聊城里孩子会什么，有什么不一样。小明也暗下决心，将来也要和许多城里人一样做一个对社会有贡献的人。通过自己的努力学习，小明考上了国内知名的大学。父亲非常高兴，在临近开学时，决定在家乡为小明办升学宴，邀请亲朋好友一起庆祝。小明父亲找来了刘大厨商量宴席菜品。

结合以上内容，如果你是刘大厨，你打算怎样制订这个宴席菜单。在菜品搭配、食材搭配以及成本控制上又要注意些什么呢？请你带着自己的团队成员（共 6 人）完成任务，并填写下表。

菜品名称		完成日期		表格填写人	
团队成员					
评分要素	评价内容描述	评价标准	配分	自评	师评
宴席设计思路		1. 宴席的设计符合主题要求 2. 能根据宴席特点合理确定菜品 3. 能考虑宾客的饮食习惯和禁忌 4. 能根据季节的特点进行设计 5. 设计思路清晰，描述得当	15		
食材选用原则		1. 保证原料品质符合菜品制作要求 2. 能根据季节选择原料 3. 能根据营养搭配的要求选择原料	15		
成本控制方法		1. 结合成本正确选择原料的采购形式与采购地点 2. 加工模式体现科学、节约的原则 3. 合理安排人员 4. 适当进行菜品装盘	20		
人员任务分工		1. 能根据人员特长和任务内容进行科学合理的任务分工 2. 分工体现科学性、合理性和效率性 3. 对紧急事情处理有充分准备	10		

（续表）

宴席菜单呈现		1. 菜单正确规范地呈现菜品 2. 能根据宴席特点合理确定菜品（考虑宾客的饮食 习惯和禁忌） 3. 能体现荤素与营养的搭配 4. 能体现季节性原料的运用 5. 能符合宴席主题 6. 能考虑不同食材的成熟方法和菜品质感的搭配及运用 7. 符合成本的预算	30		
职业素养表现		1. 能按照职业要求规范着装 2. 能按照职业要求规范操作 3. 能按照职业要求做好食品卫生工作	10		
总分			100		